李嘉诚的人生智慧

李博恩 编著

中国纺织出版社

内 容 提 要

人生在世，不管是做事还是做生意，都需要诸多的经验与智慧。成功商人李嘉诚给予我们最大的启示：做任何事情，最重要的是先做人。一旦做人到位，那做事和做生意都是手到擒来。

本书主要分为三个部分，即李嘉诚做人、做事和做生意的智慧，通过具体的事例为读者剖析李嘉诚成功的内因，揭开一代商界奇才的传奇奥秘，为有志向其学习和追赶的朋友提供一个了解他的通道。

图书在版编目（CIP）数据

李嘉诚的人生智慧 / 李博恩编著 -- 北京：中国纺织出版社，2017.9（2024.5 重印）

ISBN 978-7-5180-3752-0

I. ①李… Ⅱ. ①李… Ⅲ.①李嘉诚—人生哲学—通俗读物 Ⅳ. ① B821-49

中国版本图书馆 CIP 数据核字（2017）第 155166 号

责任编辑：闫　星　　　责任印制：储志伟

中国纺织出版社出版发行

地址：北京市朝阳区百子湾东里 A407 号楼　邮政编码：100124

销售电话：010—67004422　传真：010—87155801

http://www.c-textilep. com

E-mail: faxing@c-textilep. com

中国纺织出版社天猫旗舰店

官方微博 http://weibo.com/2119887771

德富泰（唐山）印务有限公司印刷　各地新华书店经销

2017 年 9 月第 1 版　2024 年 5 月第 4 次印刷

开本：710 × 1000　1/16　印张：15.5

字数：199 千字　定价：39.80 元

前言

李嘉诚，加拿大华裔商人，出生于广东潮州潮安，祖籍福建莆田，现任长江和记实业有限公司及长江实业地产有限公司主席，为香港开埠后第三任首富。他于1928年生于广东潮州，1940年为躲避日本侵略者，举家逃难到香港。1958年他开始投资地产，1979年购入老牌英资商行“和记黄埔”，成为首位收购英资商行的华人。李嘉诚15岁做推销员，22岁创业，29岁赢得“塑料花大王”的美誉。30岁涉足房地产，58岁首次登上香港首席财阀的宝座，60岁被财富杂志评为世界华人首富，并连续6年荣膺世界华人首富。

人们提到李嘉诚，便会自然而然地想到他所创造的奇迹：从一无所有的贫苦少年一跃成为香港历史上首位富豪，从一个茶馆的小学徒到世界著名企业家，从一个曾经四处求职的流浪儿到造福众生的慈善家。迄今为止，他的事迹被冠以“神话”的色彩。尽管李嘉诚拥有数不清的头衔和财富，但若撇开这些，他就是一个会做人、会做事、会做生意的人。当然，他的成功也得益于此。

孔子曰：“子欲为事，先为人圣。”从小到大，关于做事的道理人们耳熟能详。但品性优劣却人各有异，做事结果也大相径庭。成功者并非偶然，李嘉诚在谈到自己的成功经验时说：“一个一辈子做有德之人的人，绝对会赢得别人永久的信任！”谦虚、仁义，一直是李嘉诚作为成功人士具备的优秀品质。

一个人做事的态度基本上由性格决定，与拥有的知识也有一定的关系。不管做什么事，李嘉诚态度认真、仔细、执着，总是先为别人着想。在他看来，天下只有先忧事，才能后乐事。忧事，就需要做事先谋事，把要做的事想深、想透，为什么要做这件事、怎样来做这件事、做好这件事的标准是什么。否则，思想昏昏，做事是不可能成功的。

李嘉诚认为，做生意最重要的是互相合作，共同发展。这样才能把蛋糕做得格外大，获得更多利润。在竞争面前，一律平等，有钱大家赚。而且，他最看重利润，不在于从事什么产业。所以，他的生意分布在各个行业，而没有给其设定限制，这成为他滚滚财源的基础。

李嘉诚人生的智慧，即为做人、做事、做生意。

编著者

目录

上篇 做人

中篇 做事

下篇　做生意

上篇

做人

提到李嘉诚，许多人总羡慕他耀眼的头衔和难以估计的财富，却从未思考过这样一位传奇人物背后隐藏的人生真理。作为大部分生意人的榜样，李嘉诚总强调“商道即人道”，要经商，先做人。

第01章

成败策略——一切在于自己

李嘉诚纵横商场数十载，总结出一句话：“一切成败在于自己。”一个人往往是被自己造就的，不过人也可以破坏自己，人既可以从思想的工厂里锻造出工具，也可以从思想的工厂中制造出武器来毁灭自己。所以，成败策略，一切在于自己。

在别人眼光中独行

人若勇敢就是自己最好的朋友。

——李嘉诚

研究亚洲首富李嘉诚的成长经历，我们发现他对自我一直有一种积极的认识和评价，从而产生一种相当的自信。这种自信是一种魔力，即使他在认清了自己的现状之后，依然能够保持奋勇前进的斗志，而这也是他必须依赖的精神动力。生活中，每个人都梦想过自己能成为什么样的人，也许是科学家，也许是医生或者律师，不过，大多数人却宁愿梦想着，而不实践着，甚至他们希望能得到别人的救赎。事实上，做自己想做的人，其实很简单，只要相信自己，朝着梦想勇敢地奋进，那么我们就真的能够成为我们所希望的那个人。

李嘉诚小时候的生活条件十分艰苦，不过他依然能从品格个性、能力、情感中找到快乐。在他看来，人往往在重重困难之中才能活出真正的自己，对现实和未来都要建立希望和信心，不要停滞在怨愤之中。

李嘉诚曾在某次演讲中提到：

你们知道吗，我以为活到这年纪，早看尽太阳底下的事，想不到令人莫名其妙的事还是不少的。近期媒体在热炒年轻人应否成为李嘉诚，观点之多，煞有介事的炒作令人费解发笑。对我而言这议题本身挺空洞，每一个人各有不同的独特天赋、经验，并按自己的选择踏上命途，虽然没有人应附人骥尾，盲目模仿他人，但从他人经验悟出心得，也是不错的成长教材。

坦白地对大家说，我爱当我自己！

当下许多年轻人总是热衷于李嘉诚所代表的头衔与荣耀，总渴望自己能成为下一个李嘉诚。事实上，每个人都是独立的个体，并不存在谁一定要成为谁，有效的方法应该是针对自己具体的情况，做出准确的分析，再从别人经验总结出心得，这样才能成为真正的自己。在追寻自己的这条路上，李嘉诚却以亲身经历告诉我们：人若勇敢就是自己最好的朋友。一个人要善于在别人的眼光中独行。

安妮是哈佛大学里艺术团的歌剧演员，她有一个梦想：大学毕业后，先去欧洲旅游一年，然后要在纽约百老汇占有一席之地。心理老师找到安妮说："你今天去百老汇跟毕业后去有什么差别？"安妮仔细一想，说："是呀，大学生活并不能帮我争取到去百老汇工作的机会。"于是，安妮决定一年后去百老汇闯荡，老师感到不解："你现在去跟一年以后去有什么不同？"安妮想了一会，对老师说："我决定下学期就出发。"老师紧紧追问："你下学期去跟今天去，有什么不一样呢？"安妮有点眩晕了，她决定下个月就去百老汇。老师继续追问："一个月以后去跟今天去有什么不同？"安妮激动不已，说："给我一个星期的时间准备一下，我就出发。"老师步步紧逼："所有的生活用品在百老汇都能买到，你一个星期以后去和今天去有什么差别？"安妮激动地说："好，我明天就去。"老师点点头："我已经帮你预定了明天的机票。"

第二天，安妮飞赴百老汇，当时，百老汇的制片人正在酝酿一部经典剧目，许多艺术家都前去应聘。当时的应聘步骤是先挑出10个左右的候选人，然后再要求每人按剧本演绎一段主角的对白。安妮到了纽约后，没有着急打扮自己，而是费尽心思从一个化妆师手里要到了剧本，在以后的两天时间里，她闭门苦练，悄悄演练。到了正式面试那天，安妮表演了一段剧目，她感情真挚，表演惟妙惟肖，制片人惊呆了，当即决定主角非安妮莫属。

安妮到纽约的第一天就顺利进入了百老汇，穿上了她人生中的第一双红舞鞋，她的梦想实现了，她成为了百老汇的一名演员。有的人梦想着成为明星，有的人梦想着成为富翁，有的人梦想着成为伟人，但是，他们却因为缺乏勇气而与梦想失之交臂。

1.你是否缺乏勇气？

小时候，幼儿园老师总是有意无意地引导我们：“将来长大了想做什么样的人？”有时候，我们会认为自己天生就知道自己能做个什么样的人。但是，长大后我们会发现，我们早已忘记了儿时的梦想。在成长过程里，由于缺乏勇气，我们将梦想搁浅了。

2.做自己想做的那个人

不过，一个人究竟想成为什么样的人，或者内心深处想做什么样的人，这种感觉是不会变的。在追逐梦想的过程中，我们应该勇敢向前，克服畏惧心理，努力成为自己想做的那个人。

智慧启迪

梦想需要勇敢地拼搏，我们才能做那个我们想做的人，在追逐梦想的过程中，我们会遇到许多实现梦想的机会，但却常常由于怯弱和畏惧的心理而放弃了努力，导致机遇一次次擦肩而过。其实，只要我们克服胆怯心理，勇敢地奋进，我们就能够做自己想做的人。

未来由自己亲手打造

只有自己双手创造的未来，才是唯一能信任的命运。

——李嘉诚

李嘉诚14岁那年刚刚失去了父亲，就遭受一位同乡人的打击：“眼眸无神，骨架瘦弱，未来恐难成大器。安分守己，勉强谋生是可以的，但飞黄腾达，怕没有福分。”不过，母亲却强忍心酸，安慰他：“阿诚！天命难算，上天一定会厚待善良、努力的人。再艰难，只要一家人相依一起就不错啦！”那一刻，李嘉诚相信母亲，更相信自己。因为他相信，只有自己双手打造的未来，才是唯一能信任的命运。

在李嘉诚眼里，未来跟明天是两回事，而天命和命运也是不同的。在任何时候，明天都将是新的一天，而未来是自己在一生各种偶然性中，不断选择的结果。所以，李嘉诚说：“追求自我，努力改善自己是一股正面的驱动力，当你把思维、想象和行动谱成乐章时，你就会在科技、人文和商业的无限机会中实现自我；知识、责任感和目标融汇成智慧，天命不一定是命运的蓝图。”

当我们来到这个世界上时，上天就把不同的礼物给了我们，有的人太幸运，他得到的是一个完美无缺的洋娃娃，而有的人则运气不怎么好，他所得到的是一个修补过的洋娃娃。对于前者而言，他前面走的路会相对平坦一些，而对于后者，他的每一步都需要付出很多才能达到自己的目标。对此，不管我们是属于前者，还是后者，只要我们相信自己，那即便自己所拥有的只不过是一个修补过的洋娃娃，也一样能缔造出命运的辉煌。

杰克·韦尔奇出生在一个典型的美国中产阶级家庭，父亲在铁路公司工作，每天早出晚归，因而，培养孩子的任务就落在了母亲的身上。与其他母亲不太一样，她对韦尔奇的关心更注重在提升他的能力和意志上。母亲是一位十分权威的人，她总是让韦尔奇觉得自己什么都能干，教会韦尔奇独立学习。每当韦尔奇的行为有所不妥，母亲总是以正面而有建设性的意见唤醒他，促使韦尔奇重新振作，母亲虽然话不是很多，但总令韦尔奇心服口服。

母亲一直保持着这样的理念：坦率的沟通、面对现实、主宰自己的命运。她将这三门功课教给了韦尔奇，使得韦尔奇终生受益。母亲告诉韦尔奇：“要掌握自己的命运就必须树立相信自己能缔造出命运的辉煌。”韦尔奇到了成年以后还是略带口吃，但是母亲安慰韦尔奇：“这算不了什么缺陷，只不过思维比开口快了一些。”正是母亲给予的这份自信，让口吃不再成为阻碍韦尔奇发展的绊脚石，而且成为了韦尔奇骄傲的标志。美国全国广播公司新闻部总裁迈克尔对韦尔奇十分钦佩，甚至开玩笑说：“他真有力量，真有效率，我恨不得自己也口吃。”

以韦尔奇的中学成绩他可以进美国最好的大学，但是由于种种原因，他最后只进了麻州大学。刚开始，韦尔奇感到十分沮丧，但进入大学以后，他的沮丧变成了幸运。他后来回忆这段经历，这样说道：“如果当时我选择了麻省理工大学，那我就会被昔日的伙伴们打压，永远没有出头的一天，然而，这所较小的州立大学，让我获得了许多自信，我非常相信一个人所经历的一切，都会成为成功的基石，包括母亲的支持，运动，上学，取得学位，虽然我天生口吃，但我相信我一样可以缔造出自己辉煌的命运。”韦尔奇的大学班主任威廉这样评价他：“是他的双眼，他总是表现得很自信，他痛恨失败，即使在足球比赛中也一样。”1981年，韦尔奇成为历史上最年轻的CEO，他是通用电气公司董事长。而自信成了通用电气的核心价值观之一，韦尔奇这样说：“我相信命运的辉煌可以靠自己来创造。”

戴高乐将军曾说：“眼睛所看到的地方，就是你会到达的地方，唯有伟大的人才能成就伟大的事，他们之所以伟大，就是因为他们决心要做出伟大的事。”生活中，像韦尔奇一样有口吃毛病的人很多，但像他一样成功的人却很少，为什么呢？因为大多数的口吃者都在为上天的不公平而抱怨，他们浑然忘记了，即便自己是一位口吃者，但命运的辉煌完全也是可以靠自己创造的，除了口吃，自己与其他人并无区别。

1.不去计较上天给予的不公平

或许，从命运的一开始，上天发给我们的就不是一手好牌。但是，如果我们能保持良好的心态，相信自己即便是一手烂牌，也可以玩得漂亮，这在牌桌上叫牌品，在生活中叫做信念，那么我们就能创造出辉煌的命运与其花时间去计较上天给予的不公平待遇，不如花心思玩好自己手中的一副烂牌。

2.命运的辉煌需要靠自己努力

我们的命运都掌握在自己手中，如果我们想让命运绽放出如烟花般灿烂的辉煌，那完全在于我们自己的努力，而不在于上天的恩赐。假如我们较真，那就较真自己是否努力过，是否拼搏过，只有真正地努力、拼搏之后，我们才能缔造出自己命运的辉煌。

智慧启示

在生活中，所谓的强者是什么？真正的强者不是凭借着各种资源努力向上爬的人，而是缔造自己命运辉煌的人。他们虽然遭遇了生活的不公平待遇，但依然可以冲破重重阻碍，最终采摘成功的果实。

不满足是向上的车轮

人生最怕的就是满足，人一旦满足就会停止前进的脚步，停止更高的追求。

——李嘉诚

在这个世界上，有两种人很可能一生一事无成：一种是自甘堕落、无所追求的人；一种是那些轻易就觉得满足，从此不思进取的人。对于大多数受过高等教育的年轻人而言，理想教育在他们心底早已根深蒂固，教育专家们所担心的不再是个人的盲目、无知，而是要考虑怎么帮助他们树立可行的、实际的目标和理想。因此，我们说，这一代的年轻人，如果了此一生时仍无所作为，那他多半属于容易满足的人。

李嘉诚认为，认识自己、把握自己，从而不断地"修筑"自己，你的事业才能尽快扬帆启航。在远行的途中，任何光彩夺目的成就只是迈向事业成功的一小步。只有不满足于现在的成就，才能认识到自己在成功的道路上只走了一小步；只有不满足，才会懂得不断地提高和完善自己；只有不满足，才会渴求下一次更大的成功。

经过在香港的几年闯荡，李嘉诚晋升为总经理的职位。不过他并不满足，他希望能干一番大事业，便依然辞去了总经理的职位。

当时他先去了一家塑料制造公司，那是一家偏离香港闹市区西环的一间小小的山寨加工厂。不过李嘉诚却瞅准了这个行业的未来前景，他选择了这家塑料生产工厂，希望能积累自己的知识和经验。

在当时，塑料工业在欧美发达国家兴起，而香港作为世界贸易港，希望在此开辟塑料制品市场，而李嘉诚恰恰看准了这个前所未有的市场。通过数月的学习，他掌握了很多关于塑料产品的信息，然而他再一次辞职，拿着多年的积蓄建立了属于自己的工厂，即长江公司。

在李嘉诚苦心经营下，长江公司业绩直线上升，成为香港塑胶业的龙头企业。不过，他并不满足，希望能获得更长足的发展。这时他看准了欧美市场，不愿意只在香港市场发展。当他看到塑料花有巨大市场潜力的时候，他马上投资进行生产，由于他出手比同行较快，再一次大获全胜，成为名副其实的塑料大王。

对于那些永不满足，希望人生能不断实现突破的人来说，人生最精彩的部分永远是在下一次，在未来。永远对未来充满憧憬，才能以更好的心态去面对、去希望，然后用这种满怀希望的心态做事，才能取得更大的成就。

在艺术界，毕加索的的大名无人不知。这位西班牙著名的画家，活了91岁。而在90岁高龄时，当他拿起画笔开始创作一幅新画的时候，对眼前的事物仍然好像是第一次看到的一样。年轻人总喜欢探索新鲜事物，探索解决新问题的方法，他们朝气蓬勃，热衷于试验，从不安于现状；老年人总是怕变化，他们知道自己什么最拿手，宁愿把过去的成功之道如法炮制，也不愿冒失败的风险。可毕加索不是普通人，当他90岁时，仍然像年轻人一样生活着，不安于现状，寻求新思路和新的表现手法，所以他成了20世纪最负盛名的画家之一。

毕加索生前体验了从穷困潦倒到荣华富贵的转变，其艺术作品也经历了从无人问津到被人高度赞赏两种境遇。这正是他永远把现在的成就看做是成功的一小步，满怀希望地憧憬着下一次的成功，永不满足、不懈追求的结果。

“球王”贝利在足坛上初露锋芒时，有个记者曾问他：“你觉得，自己哪个球踢得最好？”他回答说：“下一个！”当贝利在世界足坛上大红大紫、踢进1000个球之后，记者又问他同样的问题，而他仍然回答：“下一个！”在事业上有所建树的人都同贝利一样，有着永不满足、不断进取的精神。

世界顶尖潜能成功学大师安东尼·罗宾在心灵革命的课程中，为了证明人类的巨大潜能曾做过下面的实验：那是一种赤足从火上走过的课程，在整堂课里，所有的学员都必须面对火红炽热的木炭所铺成的“火路”，然后大胆地赤足走过。对于那些没有这种经验的人来说，那是极为骇人的场面，有的人哭叫，有的人腿软了，更有的人浑身发抖，甚至有人苦苦哀求免去这种“考验”，不过最终所有的学员还是得走过这条路，因为没有经历过这场考验的人，就无法在随后的课程中取得最大的效果。

对此，安东尼·罗宾说：“我们当中很少有人有过这样的经验，但是有不少人看见过他人赤足走过火路的场面，特别是在寺庙的拜火祭典中。当我们看见别人平安走过火堆之后，总以为是神明在庇护那些人，或是有人预先在火堆中做了手脚，殊不知只要在妥善安排的情况下，人人都能平安走过。”

1.所有的限制来自于内心

由于大多数人不了解人体的神奇机能，以无知来接触那些自己视为可怕的遭遇，便容易陷入畏缩不前的状态中。原先认为做不到的事情，竟然轻易可以实现，而且毫发无损。原来，任何限制都是从自己的内心开始的。

2.不满足是成功的前提

所有的成功都是从不满足开始的，当一个人满足于现状的时候，那表示其对未来生活、人生追求已经停止了脚步。只有不满足才会想着去超越、改变，一个不安于现状，具有强烈进取精神的人，是不会被社会所淘汰，被人所遗忘的。假如小有成就就满足，那他永远没办法攀登事业的高峰，永远也无法取得骄人的成绩，只有时刻保持不满足的心态，才可能受益更多。

智慧启示

优秀的人永远把现在的成就看做是一个新的起点，现在的成功只是万里长征中的第一步；而普通人取得一点成就，就洋洋得意，满足于现状。所以，优秀者一步一步从优秀走向卓越，而普通人固步自封，往往坐吃山空。

人生只有向上的方向

人只要不失去方向，就不会失去自己。

——李嘉诚

人生最重要的是，不是你所处的位置，而是你所朝的方向。蒲公英历经艰辛归于灵魂的净土，找到了自己的方向。年轻人总感觉自己好像少了什么，是方向吗？是的，就是方向，有模糊的目标，却少了清晰的方向。李嘉诚认为，年轻人必须有一个正确的方向，不管你多么意气风发，不管你是多么足智多谋，不管你花费了多少心血，假如没有一个清晰的方向，就会感到茫然，甚至在前进的路途中渐渐丧失斗志，忘却最初的梦想。

在人生的路途中，多少人盲目努力着，却因找不到正确的方向，而徒劳无功。李嘉诚先是找到了人生的方向，然后再顺势而进，拼搏出属于自己的未来。

1928年，李嘉诚在广东省潮州市出生。其祖父是清朝末年的秀才，父亲李云经受过良好的教育，主要职业是教书。李嘉诚从小就受到家庭环境的熏陶，3岁读唐诗，小学毕业时能通读《红楼梦》《老残游记》《资治通鉴》。

然而好景不长，祖父去世之后，家里经济每况愈下，生活越来越困难。父亲不得不下南洋做生意，不过几次都没能赚到钱，无奈只能回来继续教书，艰难地维持着一家人的生活。李嘉诚懂事早，每天放学之后总会去码头捡煤屑贴补家用。父亲生病了，由于没钱去医院，只能忍耐着去工作，有时一边改作业还一边吐血，这让李嘉诚深感难过。

抗日战争爆发后，李嘉诚一家人离家逃难，先后在汕头、惠阳、广州等地流浪，在车站露宿。尽管他们不时到大街上卖香烟、糖果、针线，但依然过着艰难的日子。万般无奈之下，李嘉诚一家人逃到了香港，而父亲因积劳成疾，终于病倒在床。1943年，李嘉诚父亲去世，而刚刚上学几个月的他也不得不辍学。

兵荒马乱的年代，人们到处失业，李嘉诚和母亲也不容易找到工作。母亲只好批发一些塑料花去卖，而每天所赚的几角钱根本无法养活一家五口。李嘉诚作为家中长子，对母亲十分孝顺，他希望能找到一份工作，帮助母亲承担家庭生活的重负。所幸的是，一位茶楼老板看他们可怜，答应收留李嘉诚在茶馆里当烫茶的跑堂。

于是，16岁的李嘉诚在这个时候开始踏入了纷纭复杂的社会，他也在这一时期重新确立了人生的方向。

对于高尔夫球运动的初学者来说，他们中有不少人只想着把球打远，而忽视方向的重要性，其实，把球打直要比打远更重要。所以，擅长打高尔夫的人都会谨记这样一条原则："方向比距离重要。"这条高尔夫球运动的重要法则同样适用于我们对生活和事业的处理方式。方向走对了，哪怕走得慢却能一步一步靠近成功；可倘若走错了方向，不仅白忙一场，更可能离成功越来越远。

伊辛巴耶娃，世界上第一个，也是唯一一个越过5米的俄罗斯女子撑杆跳运动员。众所周知，在撑杆跳这项运动中，伊辛巴耶娃确实是非常成功的。但是，谁能想到，她最初的梦想根本不是撑杆跳，她那时候最喜欢的是体操。

伊辛巴耶娃从小就对体操情有独钟，她梦想着自己有一天能成为世界体操冠军。为了实现自己的目标，她没日没夜地练习体操，不管是寒冷的冬天，还是炎热的酷暑，伊辛巴耶娃对练习体操都不敢有一丝的懈怠。遗憾的是，随着年龄的增长，伊辛巴耶娃个子越长越高。这对于一个体操运动员而言，高挑的身材反而是一种缺陷。比如，其他运动员能够翻四个跟头，伊辛巴耶娃却因为个子太高只能翻两个半。显而易见，伊辛巴耶娃1.74米的身高在体操队中没有任何竞争优势。

这该怎么办？如果继续在体操这条路上坚持下去，最终只会碌碌无为，甚至有可能越来越处于劣势。于是，伊辛巴耶娃经过客观地分析、权衡，她果断地告别了体操队，不过她依旧没有放弃自己曾经的梦想——成为世界冠军。她想到自己个子高，于是她又将梦想寄托在能够充分发挥自己身高优势的撑杆跳运动上。

经过不懈地努力，终于，伊辛巴耶娃在撑杆跳运动中赢得了举世瞩目的成就。她在24岁时就成为了历史上最出色的女子撑杆跳运动员，曾十多次打破世界纪录，拥有5项重要赛事的冠军头衔：奥运会，世界室内、室外锦标赛，欧洲室内、室外锦标赛。

富兰克林曾说：“宝贝放错了地方就成了废物。”年轻人要找准自己的方向，学会经营自己擅长的项目，能够让自己的人生增值，而经营自己的短板，只会让自己的人生贬值。伊辛巴耶娃无疑是聪明的，她放弃了自己喜欢但不能发挥自己优势的体操，转而选择更具优势的撑竿跳运动，从而成就了自己的世界冠军梦想。所以，年轻人别把时间浪费在难以弥补的缺点上面，不要让“短板”阻碍自己的成功之路。

1.准确定位自己

如何寻找人生的方向？一个人需要了解自己擅长的领域，努力让工作向这些兴趣爱好方面靠拢，这样就可以最大限度地发挥自己的才能，做事情也更容易成功。对自己有了准确的定位，就会知道自己在干什么，为了什么，未来会成为什么人，有了信念，才会努力奋斗。

2.寻找到合适的方向

一个人只知道跟在别人身后漫无目的地奔跑，结果自食其果。现实生活中，是否有很多这样的人呢？拥有自己的方向，并懂得正确努力的人，就如一个高尔夫球高手一般，才会在生活这唯一一次的竞赛中取得优异的成绩。

智慧启示

荷马史诗《奥德赛》中有一句至理名言：“没有比漫无目的地徘徊更令人无法忍受的了。”没有方向的迷茫会造成内心的恐慌，在徘徊中挣扎，最终不过是平庸的人生。因为找不到方向，就会处处碰壁；一个人找不到出路，才会迷茫、恐惧。所以，年轻人，首先找到前进的方向比努力自身更重要。

坚持自己，人无志而不立

人，第一要有志，第二要有识，第三要有恒，有志则断不甘为下流。

——李嘉诚

李嘉诚认为，人，第一要有志，第二要有识，第三要有恒，有志则断不甘为下流。尽管这句话出自曾国藩，但李嘉诚坚定志向的毅力，与曾国藩可谓不分伯仲。李嘉诚小时候的理想就是当一名教师，从商之初，他的理想依然是“赚一大笔钱，然后再去搞教育”。立志是摆在人生第一位的，一个人若是有了远大的志向，就可以无事不成。而对于李嘉诚自己来说，他几乎用了一生的时间来立志，不仅立下了大志，而且在他的每个人生阶段都会有志向。李嘉诚的经商之路可谓是平步青云，不过在事业成功的背后，我们不可忽视其远大志向带来的动力，正所谓“成大事者无不有大志”。一个人如果不立志，必然会失去奋斗的力量，或许就一辈子只能碌碌无为了。

父亲李云经很重视对李嘉诚的教育，他喜欢带儿子去看海。他认为，海的浩淼、雄壮能够使孩子的心胸博大，让他的生命充满激情。

有一次，李云经领着小嘉诚到了汕头的海边。他一边指着港口来往如梭的巨轮，一边给李嘉诚讲生活的道理。李嘉诚当时很佩服船长，因为那么深的水，巨大的钢轮还能漂在水面上，他认为一定是船长很有本事。于是他说道：“爸爸，将来我也要做大船的船长！”

李云经高兴地说：“好孩子，有志气！阿诚，做一个船长不容易，他必须考虑很多和很全面的问题。”然后，父亲认真地告诉李嘉诚：“你看，现在天气很好，但是出海后，风暴来了怎么办呢？做船长的，就要提前想到，就要提前做一切事情。而且，阿诚，要记住，做任何事情就像做大船的船长一样，既要预先准备好一些事情，又要随时准备应付突然来临的一切事情。”

从此以后，船的形象、船长的意识紧紧地伴随着李嘉诚奋斗的一生。李嘉诚从小就把自己的人生比作一条船，把他驰骋商场、纵横东西的李氏王国比作一条船，所以，他后来很自豪地说：“我就是船长，就是行进在波峰浪谷中的船的船长。”

在后来的商海浮沉中，李嘉诚正如一位船长，一位行进在波峰浪谷中的掌舵的船长。当他立下志向之时，不过是弱冠少年，而今却用一生的时间来践行心中之志。生活在现代社会的我们，从小就接触到“志向、理想”这样的字眼，当稚嫩的小手写下远大的志向时，我们心中涌起的是兴奋、自豪。可是，随着时间的流逝，我们曾经立下的远大志向也日渐模糊。或者，对于刚刚进入社会的我们，心中所剩下的志向不过是“安安分分做自己的工作”。如此这般，工作就失去了前进的动力，而我们也丧失了为理想而奋斗的斗志。相信，大多数的上班族每天所经历的是这样一个状态：无精打采、计算着休息日和假期，过一天是一天。如果问他：“你有什么远大的志向？”突然之间，他会觉得茫然失措，在过去的经历中，他曾经立下的远大志向早已千疮百孔。

小辉和小枫一起进入了公司的销售部，两人学历相当，不过，两人的出生家境却有天壤之别。小辉来自于偏远的农村，由于家庭贫困，当初是接受了好心人的助学才上了大学，不过凭着自身优异的成绩，他在第一轮面试就胜出了。小枫从小生长在城市，虽然说不上大富大贵，但是家境殷实，从小衣食无忧，毕业后没费多大的力气就进入了这家公司。

小辉自觉得出身不好，心中暗自较劲，他给自己立下了志向：一年内混出个样子来，至少坐上副主管的位子。而小枫却是一个好逸恶劳，没什么大志的人，他所希望的工作就是：钱多事少离家近，能偷懒就偷懒，在公司上上网聊聊天，提前下班去接女朋友。

几个月过去了，销售部主管的同事都知道，部门里最拼的是小辉，最懒散的是小枫。而在这几个月的工作中，小枫感到自己进入了人生的低谷期，他搞不懂这是为什么。明明自己和同事一样干活，从来不和小辉抢单子，很老实，又不犯错，但是，主管偏偏就是不喜欢自己，总是丢死单给自己。

小枫和小辉的关系还不错，两人在喝酒时，小枫忍不住问了小辉一个问题：“为什么主管偏偏不喜欢我呢？”小辉说：“哪个主管都不会喜欢混日子的人，他们喜欢有志向的人，因为有志向才有拼劲。你要懂得一个道理：在办公室里只有两种人，不是主角就是龙套，而志向将决定你的命运。”

在每个公司里，都有充满野心想往上爬的人，同时也有那种只想着偷懒却没有大志的小职员。可能，刚进公司的时候，大家都站在同一条起跑线上。可是，过了几年，有远大志向的人不断地升职，或者跳槽找到更好的工作，而没有大志的小职员永远都是小人物，他们永远蜗居在公司的最底层。正如小辉所说："在办公室里，只有两种角色：主角和龙套。"如果你没有做"主角"的大志，那么，你就只能跑龙套，你的志向将决定你的命运。

1.立下大志

君子立志，应有包融世间一切人和一切物的胸怀。李嘉诚有着极为高远的志向，而且，他的一生都在为实现远大的志向而不懈地努力着。一个有野心、有志向的人会成为主角，反之，一个碌碌无为，只想偷懒省力的人，只会成为龙套。

2.立长志

可能每个人都会立志，但只有极少数人能够立长志，所以，成功的人从来都是少数。人在职场，就要为自己立下一个长远的志向，而不是经常立志，因为经常立志的人从来立不了长志，而只有立长志才有可能获得最后的成功。

3.立志应敢想敢为

从古至今，那些大凡取得成就的人，他们无一不是敢想敢为的人，比常人，他们总是多了一份勇气和智慧，因此他们总是能赢得成功。正所谓"立志须有胆"，敢想才能敢为。

智慧启示

立志，可以使人有所追求。生活有了方向，整个人也变得更加充实。对此，李嘉诚为自己立下了宏大的志向："我就是船长，就是行进在波峰浪谷中的船的船长。"在以后的一生里，他时刻都在追寻着这样的远大志向。

第02章

做人策略——信誉第一

俗话说：“无誉不成商，无艰不成商，无巧不成商。”对于商人而言，信誉是一切事业的基础，以诚信为本，无疑是用最简单的方法做大买卖。李嘉诚能从无名小卒走到今天，离不开“诚信”两个字。

诚信源于点滴汇聚

一个人一旦失信于人一次，别人下次再也不愿意和他交往或发生贸易往来了，别人宁愿去找信用可靠的人，也不愿意再找他，因为他的不守信用可能会生出许多麻烦来。

——李嘉诚

李嘉诚说：“信用是人的第二性命。”对此，他坚信不疑，不管是大事小事，他都信守承诺。熟悉李嘉诚的人，听到李嘉诚讲的话，从来都不质疑，因为大家都知道，他是一个诚信的商人。在兵荒马乱的香港，商人很多，但是，因为他的诚信，使得他比一般商人获得了更多成功的机会。在日常生活中，我们千万不能忽视一件小事的作用，有时候，可能是一句话，可能是一件微不足道的事情，都能建立其诚信。许多人认为，“诚信”这个词语太过沉重，自己不过是普通人，何能建立诚信呢？其实，“诚信”这块大的招牌，往往是从小事中建立起来的，一个人在小事中若不能体现诚信，何以在大事上作出信诺呢？千万别小看那些小事，往往是点滴之间就能建立诚信。

1979年，李嘉诚在记者招待会上宣布："长江实业以每股7.1元的价格，购买汇丰银行手中持有22.4%的9000万普通股的老牌英资财团和记黄埔有限公司股权。"此次宣布之后，人们发现汇丰银行让售李嘉诚的和黄普通股价只有市价的一半，并且同意李嘉诚暂付20%的现金便可控制如此庞大的公司。

为什么汇丰银行会如此信赖李嘉诚呢？原来长江实业近年来成绩良好，声誉又好，而和黄的业务脱离1975年的困境踏上正轨之后，现在已有一定的成就。汇丰此时出售和黄股份是理所当然的事情。而汇丰银行出售其在和黄的股份，将有利于和黄股东的长远利益，对此，汇丰银行坚信长江实业将为和黄未来发展做出非常大的贡献。

因为李嘉诚极其看重信誉，所以他名下的企业也是相当有信誉的公司，如此才能令人们更信赖他。诚信是做人之根本。如果一个人没有了诚信，那么这个人就不会得到别人给予的信任。而且，他将无法在社会上立足，因为没有任何一个人会信任他。

早年，尼泊尔的喜马拉雅山南麓很少有外国人涉足。后来，许多日本人到这里观光游览，据说是因为一个少年的诚信。

有一天，几位日本摄影师请当地一位少年代买啤酒，这位少年一口答应了，为此他跑了3个多小时才买回了啤酒。第二天，那个少年又自告奋勇地再替他们买啤酒，这次，摄影师们给了他很多钱，但是，过去了整整一天，那个少年还是没有回来。于是，几位摄影师议论纷纷，都认定是那个少年把钱骗走了。

第三天夜里，那个少年敲开了摄影师的门。原来，他在一个地方只买到了四瓶啤酒，于是，他又翻了一座山，蹚过了一条河才买到了另外六瓶啤酒，没想到返回的时候，竟然摔坏了三瓶。少年说完了，哭着拿着破碎的玻璃片，将剩下的零钱交给了摄影师。当时，在场的人无不动容，这个故事很快就传了出去，后来，到那儿的游客就越来越多。

少年因为买啤酒这样的小事建立了诚信，而尼泊尔的喜马拉雅山南麓却因为一个少年的诚信而成为了旅游圣地，这不能不说，是诚信带来的回报。卡耐基说："当我们为大众谋利益的时候，我们的财源就滚滚而来。"

1.诚信事无大小

我们需要明白一个道理：大事小事都要讲诚信。有的人认为，大事才讲诚信，细小的事情讲不讲诚信都无所谓。但是，察人是从细微处着手的，连小事都不守信用，又怎么会在大事上讲诚信呢？所以，每个人都应该从自己身边的小事着手，将诚信融入到日常生活中的点点滴滴，因为点滴小事将建立莫大的诚信。

2.诚信第一

做人，不管能力强与否，诚信首先是第一要求。诚信是一个人的立世之本，真正的成功者以诚实为做人准则，懂得诚实是获得彼此信任的基石。而对于一个企业而言，有了信誉，自然就会有财路，这是必须具备的商业道德，就像做人一样，忠诚、有义气。

智慧启示

诚信，不以形显，而以质昭，它是一种根植于别人内心的信任感。而建立诚信，就要从点滴做起，一滴水可以折射太阳的光芒，任何一种观念、一种价值，都是在一点一滴的事情中体现出来的。

做人无非就是讲信义

人的一生最重要的就是守信，我现在就算有十倍多的资金，也不足以应付那么多的生意，而且很多是别人来找我的，这些都是为人守信的结果。

——李嘉诚

圣人孔子说：“人而无信，不知其可也。”诚信，是每个人必备的传统美德。人们常说“人无信不立”，事实上，诚信也是有原则的，即遵从于内心的原则。有时候，我们经常碰到这样的事情，当对方托付于自己一些事情，但最后，这个诚信却变成了可兑现或不可兑现，如果你硬是不兑现诺言，那也说得过去，但是于情于理，对自己内心来说，这是没能遵守诚信的原则。其实，不管在任何时候，诚信都在我们身边，关键的是你是否能做到。

对此，李嘉诚说："做人无非就是讲个信义。"他认为，其实做生意与做人在本质上是相同的，一个成功的商人，往往也应该是一个极守信义之人，往往能遵守诚信的原则。无论是为人处世，还是做生意，李嘉诚都始终信奉守信的义务，即使在没有相关凭据的情况下，他也能凭着心中对诚信的恪守而将事情办得漂亮。

李嘉诚在创业的第五年，打算运一批塑胶玩具给外国客户，不过对方在最后一刻却忽然要求取消订单。这让正在创业初期的李嘉诚有一些措手不及，不过他想在这时培养一个客户并不容易，他希望自己能给对方留下一个好的印象。所以李嘉诚并没有向对方要求索赔，同时对自己货物很有信心，所以不用担心销售的问题。为了让对方放心，他真诚地向那位客户解释："这次生意不成，以后还有机会。"以此与对方建立了友好的关系。

没想到那次事情结束后没多久，忽然有个美国客户登门拜访，订购了很多塑胶产品。原来该公司的一位高级职员，与之前突然取消订单的外国客户是认识的，这次就是经他介绍来找李嘉诚的，而且他还向别人介绍说："李嘉诚的公司不仅很有规模，而且信誉很好。"

就这样，李嘉诚以自己的诚信赢得了别人的尊重，为自己带来了滚滚财源。凡事都有规矩在，诚信也是有原则的。不管是创业初期，还是公司大力发展中，都应该将诚信坚持到底，自始自终都坚持诚信的原则，不管对方怎么看，但自己一定要将诚信坚持到底。

在日常生活中，每件事情都有它的规矩，而对于诚信这个看不见、摸不着的东西，其实也有它的原则。当我们都在说诚信、践行诚信的时候，如果有一个漏洞可以钻过去，自己是否真的就弃诚信而不顾呢？

李勉是唐朝人，从小就喜欢读书，而且总喜欢按照书上的要求去做，时间长了，就成为一种习惯，培养出了诚信儒雅的风度。

有一次，李勉外出学习，住在一家旅馆里，正好遇到一个准备进京赶考的书生，两人一见如故，成为了好朋友。不巧，几天过后，这位书生突然生

病了，卧床不起，李勉为其请来了郎中，按照郎中的吩咐帮他煎药。一连几天，李勉都细心照顾病人，可是，那位书生的病非但没有好转，反而一天天地恶化下去了，看着如此光景，李勉十分着急。

一天傍晚，李勉采药回来，到朋友房间，发现书生的脸色似乎好了一些，心中一阵欢喜。他关切地问道：“哥哥，感觉好些了吗？”书生说：“我想，我剩下的时间不多了，这可能是回光返照，临终前兄弟还有一事相求。”李勉安慰道：“哥哥别胡思乱想，今天你的气色不是好多了么？只要静心修养，不久就会好的，哥哥有什么事情就请说吧。”书生说：“把我床下的小木箱拿出来，帮我打开。”书生指着里面一个包袱说：“这些日子，多亏你无微不至地照顾。这是一百两银子，本来是赶考的盘缠，现在用不着了，我死后，麻烦你用部分银子替我筹办棺木，其余的都奉送给你，算我的一点心意，请你务必收下。”

次日清晨，书生去世了，李勉按照他的遗愿，买来了棺木，精心为他料理后事，剩下的银子，他一点也没动用，而是包好了悄悄地放在棺木下面。不久，书生的家属赶来了，他们移出棺木后，发现了陪葬的银子，十分吃惊，了解到银子的来历后，都为李勉诚实守信不贪财的高尚品德所感动。

虽然，书生强调了那剩下的银子是作为答谢用的，李勉已经尽了自己的本分，按理说，这样的银子就是自己拿了也不是什么大事。不过，李勉却坚守自己诚信的原则，哪怕对方愿意将银子赠送于自己，但还是恪守诚实守信不贪财的原则。在日常生活中，我们在任何时候都需要坚持诚信的原则，哪怕是一个小漏洞也不能马虎大意，尽自己所言所行来践行诚信。

1.不为蝇头小利违背诚信

人通常在顺境时讲诚信很容易做到，但在逆境中就难以继续坚持诚信了。资本的特性就是赚取利润，人恰恰有趋利避害的本能，在成本和回报之间，永远都在盘算。所以，不管任何时候，都需要讲诚信。

2.许诺即要做到

平时不应该轻易许诺，做承诺时要慎重，对于自己做不到的事情，要诚实地回答，礼貌地解决。对于自己许下的诺言，要说到做到，答应别人的事情，尽自己最大的努力做到，重视自己做过的每一个承诺，哪怕是一件小事。

智慧启示

然而，那些真正讲诚信的人，无论事情发生到何种地步，他们都会坚持自己的良心所向，将诚信坚持到底，不为别的，只求心安。而那些没有诚信原则的人，时而守信，时而失信，时间长了，在人们面前就露出了不诚信的面目，最终，他们会失去他人对自己的信任。

以诚待人，以信取人

你必须以诚待人，别人才会以诚相报。

——李嘉诚

李嘉诚说："做人要厚道。"其实，"做人要厚道"在这里并不是首次出现，它之所以能如此流行，是源于当今社会出现了信任危机。因而，"做人到厚道"不仅仅是一句流行语，而且，成了提醒自己、点拨他人的一句良言。厚道是什么呢？其实就是宽厚待人，真诚待人，这本身就是一种立身之本，处世之道。厚道的人往往会把名节看作重于泰山，把诚信看成是自身的一种形象，他们始终秉持着"宁可人负我，我绝不负人"的信念。所以，在现代社会，如果有人说"这人真厚道"，那其实就是一句再真实不过的褒奖。厚道的人会受到人们的青睐，对于这样一种坚守朴实信念的人，他们会不自觉地萌发出好感和信任。因此，要想办大事，我们应该在人前树立厚道的形象，无论是对亲戚还是朋友，心怀感恩，所谓"得道者多助"，给对方好的印象，主动权自然落到了自己手里，办事铁定是马到成功了。

有一天，一位加拿大商人拿着一个天量定单，找到了李嘉诚。不过，在最终签约前，对方提出了两个条件：一是需要有一家实力强大的公司做担保；二是要实地考察李嘉诚的工厂。这两个看似简单的条件，对李嘉诚来说却比登天还难。李嘉诚回去后，说干了口水，也没有一家有实力的公司愿意为自己的小公司做担保。这时，有人出主意："我们可以先花一点钱，租用一间大的工厂，反正那个外商也看不出来。"李嘉诚却坚决反对："即使定单泡汤，也绝不能糊弄别人。你要相信世界上每一个人都精明，要令人信服，并喜欢和你交往，那才是最重要的。"

第二天，李嘉诚硬着头皮带着外商到了自己的小工厂，他面有难色地说："对不起，先生，我的工厂太小，没有任何一家有实力的本地公司，愿意为我担保。"外商笑了，说道："你的信誉，就是最好的担保。"李嘉诚继续说道："非常感谢您对我的信任，可是，这个定单对我来说，实在太大了，我的这个小工厂的生产能力无法满足您的需要。现在，我手里的资金有限，还无法继续扩大生产规模。"外商坚定地说："我可以预付你一笔定金，你扩大规模需要多少钱？你说个数吧！"

有人常说，似乎好运总是偏向于诚信的人。其实，这并不是上天的不公平，而是人心所向，人们总是青睐那些诚实善良的人，因为在他们身上，有好的名声，有好的信誉，他们永远不会背信弃义。一个人若是给他人留下了诚信的印象，那么，好运将接连而至，甚至，将伴随他一生。所以，努力修炼自己，让自己成为一个诚信的人，凡事对他人怀着感恩的心，能忍则忍，不能忍还须忍，做人诚信些，办事就会容易些。

有一天，寒山问拾得说："如果世间有人无端地诽谤我、欺负我、侮辱我、耻笑我、轻视我、鄙贱我、厌恶我、欺骗我，我要怎样做才好呢？"拾得回答说："你不妨忍着他、谦让他、任由他、避开他、耐烦他、尊敬他、不要理会他，再过几年，你且看他。"

寒山问道："除此之外，还有什么处事秘诀，可以躲避别人恶意的纠缠呢？"拾得回答说："弥勒菩萨偈语说：老拙穿破袄，淡饭腹中饱，补破好遮寒，万事随缘了；有人骂老拙，老拙只说好，有人打老拙，老拙自睡倒；有人唾老拙，随他自干了，我也省力气，他也无烦恼；这样波罗蜜，便是妙中宝，若知这消息，何愁道不了？人弱心不弱，人贫道不贫，一心要修行，常在道中办。如果能够体会偈中的精神，那就是无上的处事秘诀。"

寒山与拾得这精妙的一问一答，其中蕴涵了为人处世的道理，同时，也反映了"厚德载物"的真实内涵。做人当如寒山所说的那类人，那才是真正的厚道之人。厚道的人，通情达理、重义守信，虽然偶尔会给人以大智若愚的感觉，不过在他们行为的背后，乃是一颗感恩的心。有可能你对他横眉，他却还你一个笑脸；有可能你给他一句恶言，他以善意待之；有可能你给他一个陷阱，他以智慧摆脱。在他们看来，凡事皆是美好，受人恩惠须感谢，无论是对亲戚，还是朋友，他们都时常怀着一颗感恩的心。

1.学会尊重他人

首先要学会尊重别人，善待别人，这就是我们常说的以诚待人。在任何时候，都需要坦诚自己，将真实情况如实告诉对方，这既是对自己的坦诚，也是对别人的一种尊重。

2.将心比心

人与人之间，区别在于所站的位置和角度不一样，所以才多了一些矛盾与冲突。在这时候，则要将心比心，即站在对方的角度思考问题，想想别人的难处，再结合自己的情况，选择折中的处理问题的方法。

智慧启示

小说家金庸笔下的两大男主角：张无忌和郭靖，看起来没什么本事，但是，正因为那份敦厚老实，不仅赢得了美人归，而且，赢得了许多英雄豪杰的帮助，终成大器。诚信是人性中的真善美，以德报怨，以善报恶，给人一种信任感，一个人只有具备诚信的品性，他人才会放心，才会发自内心地帮助你、支持你。

言而有信，坚守自己的承诺

如果要取得别人的信任，你就必须做出承诺，在做每一个承诺之前，必须经过详细的审查和考虑。一经承诺之后，便要负责到底。即使中途有困难，也要坚守诺言，贯彻到底。

——李嘉诚

有些人自以为聪明绝顶，别人都会上他的当，其实到头来只会原形毕露，自己毁了自己。一个人值不值钱，就看他自己说的话算不算数。看似一句朴实无华的话，却道出了李嘉诚做事的风格："言必行，行必果。"在生意场上，李嘉诚是一个言出必行的人，有时候，他宁可牺牲自己的利益，也要说话算话，维护合作伙伴的利益。俗话说"言而有信"，顾名思义，也就是一个人说过的话一定就要做。在日常生活中，一个人要言而有信，这将决定着他是否值得尊重，是否能建立和谐的人际关系。对于诚信，有的人视之为粪土，有的人视之为生命，那些视诚信为粪土的人，自己的一生也终将如粪土，而视之如生命的人，他们的一生将会更加辉煌。

俗话说："一言既出，驷马难追。"意思是你说了什么样的话，做了怎样的承诺，就应该有勇气承担这一切，这就是诚信。许多人总是认为自己似乎是什么都可以做到的人，也没有什么不能说的，于是他们总是信口开河，轻易向他人许下诺言，重则就拍着自己的胸脯保证："有我在，放心，这事绝对能办好。"在他们看来，说些信口开河的话对自己又不会造成什么损失，一旦遇到了事情，他们动不动就说大话、拍胸脯，可是轮到真正需要承担责任的时候，他们就显得不合拍了。真正到了最后，自己所说的话不能算数，他们就避重就轻，能躲则躲了。其实，这些都是失信于他人的表现，久而久之，人们就对他们有这样的评价"这个人说得多，可算数的呢，根本就没有，每件事都缺乏承担的勇气"。

潘石屹曾向媒体表示："诚信、诚实将是我解决所有问题的手段，无论发生了什么，我都会诚实地向大家说明这一切，同时，我也愿意承担这一切。"这是一份承诺，而他将以自己的亲身经历来兑现那些曾经说过的话。

1998年，潘石屹所在的现代城销售人员在一夜之间被竞争对手挖走了，他将自己所知道的真实情况一字不落地通过媒体告诉了大众，让大家有机会了解真相，最后，现代城得到了社会最广泛的同情和支持，这件事不仅没有给他带来损失，反而使他名下的房地产营业额增加。

2001年，现代城出现了"氨气事件"，所销售出去的房子里出现了氨气。潘石屹马上与施工单位一起查找原因，最后发现是混凝土的添加剂造成的。当天，潘石屹就向所有的客户写公开信说明原因，表示道歉，同时在全世界范围内招购消除氨气的设备和技术，如果有愿意退房的客户，将加10%的回报。由于潘石屹非常诚实地说明了事情的真相，还有那份敢于承担的勇气，得到了许多客户的同情和理解。

或许，我们现在可以明白，为什么潘石屹能够成为鼎鼎有名的房地产大亨，其中有一点我们可以肯定，那就是诚信的力量。从古至今，那些取得一番成就的人，无不是以诚信为本，所以，他们才能实现人生的辉煌。

1.话出口就要有承担的勇气

其实，在日常交往中，我们要有放话的“勇气”，同时我们更需要有承担的勇气，如此这样，才能在人前树立良好的信誉形象，在办事时掌控主动权。

2.言必行，行必果，果必真

古人云：“言必行，行必果，果必真。”信守承诺，说到做到，这是我们做人的基本要求。一个人一旦许下了承诺，就要履行，否则就会丧失信誉，言而无信，行而无果，到最后只会成为孤家寡人。

智慧启示

对于每个人来说，说句话并不费劲，它简单得就像是呼吸了一口新鲜空气。但是，每个人都应该清楚，如果要以实际行动去践行自己曾经说过的话，那才是一件困难的事情。因为大多数人都善于说话，而没有勇气去承担，如此一来，难免会落下“失信”的名声。所以，既然话已经说出口了，无论结局怎么样，我们都要鼓起勇气去承担，这样你才会给人们留下正面的深刻印象，才有机会掌控主动，从而达到自己的预期目的。

信誉是一个人的品牌

我生平最兴奋的，就是我答应帮助人家去做的事，自己不仅是完成了，而且比他们要求的做得更好，当完成这些信诺时，那种兴奋的感觉是难以形容的。

——李嘉诚

李嘉诚认为，任何人的信用，如果要把它断送了都不需要多长时间，就算你是一个极谨慎的人，仅是偶尔疏忽，无论多么好的名誉，便可立即毁损，所以养成小心谨慎的习惯，实在重要极了。信誉是一个人的品牌，是一个人所拥有的无形资产。生活中，我们常常会谈论一些产品的品牌效应，有的产品牌子做得好，其销售量就高，反之，就难以在市场上立足。其实，一个人的品牌也是同样的道理，一个人若是信誉好，有诚信，人们会争相来与你结交，哪怕你是一个穷困落魄的人，至少，你那份难得的信誉就是无价的。

许多人都忽视了这样一个道理，那就是：树立良好的信誉不容易，不过，毁誉却是一瞬间的事情。有的人大半辈子都被认为是“勤勤恳恳、诚实可信”的人，可是到晚年来，突然做了一件不诚信的事，那么之前所树立的“诚信”形象就土崩瓦解了，以至于落下个“晚节不保”的名声。因此，要想树立良好的信誉，这必须是持久而稳定的，在任何时候、任何事情上都需要保持一个人的诚信，否则，你将会失信于所有的人，那么，你自己也难以在圈子里立足了。

在20世纪70年代，日本商人藤田田接受了美国油料公司定制餐具300万个刀与叉的合同，当时在合约书上写明交货日期为9月1日，交货地点在芝加哥。按当时的运输条件，要做到这一点，日本公司必须在8月1日就由横滨发货。

签订合约后，藤田田组织了几家工厂同时生产这批产品，可是由于工厂一再误工，完工交货的日期被拖延到了8月20日，如果这时再从东京航运必然会误了合同上写的交货日期。为此，藤田田果断地采取了一系列措施，以确保原计划的交货日期。他租用了泛美航空公司的货运机空运，花了3万美元的空运费，货物得以及时送到了芝加哥。虽然，经济上的损失很大，但是，却赢得了客户的信任，维持了良好的合作关系。不久，许多美国公司都知道了藤田田这位诚信的商人，藤田田在美国顺利地开辟了自己的商业之路。

藤田田这样的知名企业家，他会将信誉看成是企业唯一的生命，企业有了信誉才能在社会上立足。不过，有的企业为了眼前的利益，大量制造、倾销低劣的产品，亲手将树立起来的信誉牌子砸了，这样的行为无疑于杀鸡取卵，只有愚蠢的人才会这样做。

一个人若是想成大事，就必须树立自己的品牌形象，一个有良好信誉的人给人以心理暗示：有诚信，信誉好，将来一定成大事，我就喜欢与这样的人合作。这样一来，本来求人办事的你，亦然变成了主动，那么办任何事情都是不用发愁的。当然，信誉的树立并不是一朝一夕的事情，而是需要恒定地坚持下去，如此这样，你才能打造诚信的品牌形象。

那么，如何才能做到诚信呢？以下几点可以供你参考，当你通过下面几点给对方留下诚实守信的印象后，将会大大提升你的办事成功率。

1.适当暴露自己的不足之处

许多人害怕暴露自己的缺点，认为这将使自己的信誉形象扫地，其实这样的理解是错误的，因为适当暴露自己的缺点，实际上是一种诚实的表现。所以，适当暴露自己的不足之处，以彰显自己的诚实，这样可以有效提升自我的信誉度，不过，凡事有个度，不能暴露太多，以致对方会认为你毛病太多。

2.直言相告，体现自己的诚意

中国人历来的说话方式都有点拐弯抹角，一旦碰到对自己不利的事情或者向对方提出什么要求的时候，往往会东扯西扯，最后才暴露出自己的本意，这样的做法其实会让人觉得你毫无诚意。因此，对自己需要帮助的事情，应直言相告，体现自己的诚意。

3.拥有较强的时间观念

一个人应该有一定的时间观念，其中就包括了守时，这是每个人都应该具备的美德，一个常常迟到的人会给人留下较差的印象。因此，无论是与对方相约还是会见客户，你最好提前五分钟到场，这一点会给对方留下好的印象。而且，比对方早到，可以顺势熟悉周围的环境，准备一下见面的话题，这样才能顺利达到办事的目的。

智慧启示

信誉好的人，他能够赢得所有人的信任；信誉差的人，他会失去所有的支撑力。当然，有了好的名声，将给对方一定的心理暗示：信誉这么好的人，做人做事一定差不了。那么，办事自然就容易多了。所以，我们要有意识地树立良好的信誉，为自己办事铺好路子。

信誉比利益更重要

讲信用，够朋友，这么多年来，差不多到今天为止，任何一个国家的人，任何一个省份的中国人，跟我做伙伴的，合作之后都成为好朋友，从来没有一件事闹过不开心，这一点是我引以为荣的事。

——李嘉诚

自古以来，在民间就流传着“不奸不成商”的说法，但是到了李嘉诚这里，他却说：“为人不可贪，为商不可奸，经商重信义，无德不成商。”一个人要想成为一个成功的商人，他所要的第一件事就是树立自己的信誉，并将信誉作为自己的生命。对于一个商人来说，信誉是致命的，你可以备受人们的争议，你可以一无所有，但是只要你还有良好的信誉，一切都可以东山再起，信誉可以为你赢得第二次生命。正所谓“万利皆可抛，信誉不可损”。在日常生活中，对于我们来说，也是一样的道理，做人和做生意是一样的，有了信誉，无往不至；失去了信誉，寸步难行。

1973年，世界危机波及香港，由于香港经济的依赖性很强，塑料原料全部依赖进口，所以受价格的影响也最大。危机爆发前每磅塑料原料的价格是

0.65港元，危机爆发后涨到每磅4.5港元。事实上，由于李嘉诚的塑料厂的实力以及良好的信誉，且他的经营重点已经逐步转移到地产了，所以此次危机对他影响并不是很大。

但作为香港塑料制造业商会主席，他还是毫不犹豫地挂帅救业，在他的倡导下，数百家塑料厂逐渐入股了联合塑料原料公司，如此一来，由联合塑料公司出面购买，需求量比进口商还大。所购的原料，全部按照实价分配给股东厂家，在厂家的联盟面前垄断也不攻自破了。而且李嘉诚还将自己所属的长江塑料公司的12.43万磅原料，以低于市价一半的价格救援待料的会员厂家。当可以直接购入国外出口商的原料后，李嘉诚又将长江塑料公司本身的20万磅配额，以原价优先转让给需求量大的厂家。

一个人要想赢得他人的欣赏与肯定，就不要过分计较金钱利益得失，而要很重视自己的良好信誉。金钱是有价的，但信誉却是无价的。对此，李嘉诚经常说："生意上的竞争，刚开始的时候货品比别家的好，价格比别家的合理，场地比别家的占优势，但最终的成败还是取决于经营者本身的道德修养。"在经商的数十年中，他经常强调："品德、信誉比钱重要得多。"

当初，胡雪岩在杭州创办胡庆余堂，在经营药店中，他始终将信誉放在第一位，这才是胡雪岩的做事风格。胡庆余堂的经营宗旨是"修合虽无人见，存心自有天知"，尤其是对于店中药材的要求，他更是"以德经商，视信誉如生命"。

胡雪岩在杭州胡庆余堂药店中，挂了一块"戒欺"的牌匾。他这样写道："凡贸易均著得欺字，余存心济世，誓不以劣品戈取厚利，采办务真，修制务精，不至欺余以欺世人。"后来，胡庆余堂药店之所以能够驰名于海外，生意兴隆，其秘诀就在于"戒欺"。

在经营药店的过程中，胡雪岩十分注重产品的质量，他要求采购的选料必须求真品，加工必须制造精品。而且，作为中成药主要原料的天然动物、植物和矿物品种多、分布广、属性复杂，仅典籍记载就有三千多中，而中药的特点是多味配方，每味药材的真伪优劣直接关系到药品的质量，一味掺假，就会影响药效。于是，胡雪岩嘱咐采购药材之人，一定要选用真品。

另外，胡雪岩在制药过程中可以说是细致入微，每一个环节要求都极其

严格。在胡庆余堂有一种药叫“紫雪丹”，这种药十分有名。不过，在刚开始配药时药效不怎么理想，胡雪岩就虚心向名医请教。后来，一位老药工说制作紫雪丹的最后一道工序有些问题，应该采用金铲银锅煎熬才有效，于是胡雪岩立即就请杭州有名的金银匠，花费了黄金、白银打造了金铲银锅，仅仅是为了制作出药效好的紫雪丹。

据说，清政府财政亏空，想向外国银行借钱，却遭到了拒绝，但是外国银行却慷慨地将巨额资金借给了胡雪岩，这在当时被人们称为奇迹。胡雪岩自诩是爱财之人，但是为了药店的信誉，他却愿意重金来配置一种药，在他看来可以失财，却不可以失德。

智慧启示

做任何事情，李嘉诚都将信誉作为第一来考虑，他常说：“钱没了可以再赚，但建立起良好的信誉却不是一朝一夕就可以的，而是需要一个人一贯的坚持才行。”的确，信誉既牢固又脆弱，有可能仅仅因为一次信任危机，就可以使一辈子努力建立起来的良好信誉瞬间坍塌。

第03章

舍得策略——舍小利赢大利

索取是一种必然，舍得也是一种必然的生活哲学，更是一种处世与做人的艺术。所以，当鱼与熊掌不可兼得的时候，需要敢于舍得的智慧。对驰骋商场数十载的李嘉诚而言，舍小利赢大利的故事总是在轮番上演。

视野开阔，不吝惜眼前利益

眼睛仅盯在自己小口袋的是小商人，眼光放在世界大市场的是大商人，同样是商人，眼光不同，境界不同，结果也不同。

——李嘉诚

在生活中，老人常常说："做事之前就要想到后面四步。"其实，向前每走一步，我们都需要相应对的方法，如果不能看得那么远，至少我们需要看见一步。做事情，不仅需要稳当、周全，而且不要急于求成，不能只顾眼前利益。一个成大事的人，眼光总是比身边的人看得远一点，他不着眼于眼前的利益，而是看得更远。许多人之所以会不断地失败，那是因为只看到了眼前的利益，做事不彻底，往往做到离成功尚差一步就停止不做了，自然他们也就与成功失之交臂了。

对于李嘉诚来说，在做每一件事情时都不计较眼前的利益，而关注长远的根本利益，宁愿舍小利而保大局。纵观李嘉诚的一生，他无疑是一个有远见的人，在任何时候，他都不吝惜眼前的利益。

在每年的七八月份，北极地区的气温逐渐开始回升冰雪开始大面积融化，出现了短暂的春天景象，十分美丽。但是，随着气温的升高，也开始出现了大量的蚊虫，另外由于当地物种稀少，那些饥饿的蚊虫就会飞到人们聚居的地方，吸食人们的血液来维持自己的生命。让人感到奇怪的是，当地的居民却对这些嗡嗡乱叫的蚊虫十分仁慈，从来不轻易伤害它们。有的游客会拿出杀虫剂喷洒，还会被当地居民所制止。这是为什么呢？

原来，一种被称之为驯鹿的动物是当地居民过冬的主要肉质动物来源。可是，在天气比较暖和的时候，大批的驯鹿会自发地成群结队向低纬地区迁移，因为那里有大量的水草，如果没有人驱赶它们，它们就不愿意在严寒到来的时候准时回来。但是，在北极地区，如果你想靠人力来驱赶，这根本是不可能的事情。这时候，那些讨人厌的蚊虫就显示了它们的威力，天气开始降温，蚊虫就会飞到低纬地区逃命，自然会与驯鹿不期而遇。那些吸食血液的蚊虫是驯鹿无法抵御的天敌，而那边的气候还不适宜生存，所以那些驯鹿走投无路之下只能往回走。这一跑，正好钻进了人们事先已经设计好的陷阱里。

聪明的印第安人掌握了自然界物物相扣的规律，所以甘愿忍受蚊虫吸食的痛苦，来求得长远的生存。在他们看来，眼前的得失并不需要挂在心上，那些长远的考虑才是智慧者的生存之道。所以，在那些被蚊虫吸食的痛苦日子里，印第安人并没有过多地埋怨，而是保持着一份乐观豁达的胸怀，因为他们知道有了蚊虫的存在，这个冬天就不用愁食物了。

最近，公司打算提拔一批年轻人进入管理层，对此，作为公司年轻有为的小李兴奋不已。机会终于来了，煎熬的日子总算是过去了。小李其实在很久以前就瞄到了这个机会，当时，经理就话里有话：“以后发展的机会多得是，不久以后，我们就有一次大的人事调动。”这么久以来，他都是不为任何职位所动，就等待着这一天。

原来，早在六个月以前，公司就进行了部门内部的人事调整，当时作为刚刚进入公司不久的小李满怀兴奋，希望借此机会能够翻身。谁料想，整个部门就十几个人，为了部门经理这一个位置，每个人都报了名。小李当时就泄气了，自己还去不去争取呢？如果去争取吧，自己又是一个新人，估计成功率很小；如果不去争取吧，又怕错失了这个机会。

正在小李思考的时候，坐在旁边的经理说道："年轻人，我挺欣赏你的，不过这一次，我奉劝你还是静止不动，你去争取根本没有多大的胜算，首先，你的资历还不够，工作经验都没有，怎么有资格去争取；其次，你还年轻，后面的机会还多得是，以后我们公司还会进行大的人事调动，到那时候，你已经羽翼渐丰，则可以赢得最好的职位。"小李听了，顿时觉得心中醒悟。

果然，经过了六个月的历练，小李在公司是小有名气，凭着他在工作上优秀的表现，在这次人事变动中，小李轻轻松松就坐上了销售总监的位置。

在现实生活中，小到一个职员，大到一个公司，都需要有长远的打算，如果你只着眼于眼前的小恩小惠，那么，迟早有一天你将被利益所吞噬，职场生涯同时也宣告结束。其实，上班也是一件大事，而对于这样一件事情也需要我们的谋算，将自己的眼光放得更长一些，不为眼前的利益所动，这样，我们的职场之路才会走得更远。

1.不计较得失

豁达乐观的人，没有把眼前的得失放在心上，他们坚信：只要拥有一份良好的心态，那些失去的会再回来，所以，他们怡然自得。

2.着眼于长远利益

任何一件事情，都可以从眼前和长远来分析。很多时候，因为各种因素导致暂时看不到任何的收益，但只要隔一段时间，再回过头来看这件事其实是受益的。就好像做生意一样，刚开始一两个月可能会亏一点，但长久下去还是会盈利的。

智慧启示

在生活中，之所以需要我们放弃眼前的利益，其实是为了以后更长远的发展，寻找更长远的利益。李嘉诚的经商智慧值得我们敬佩，但是，我们更需要学习这其中蕴含的智慧，向他学习做一个有远见的人，这样，我们的人生之路才会走得更远。

不苟求钱财，但重交人心

人要去求生意就比较难，生意跑来找你，你就容易做，那如何才能让生意来找你？那就要靠朋友。如何结交朋友？那就要善待他人，充分考虑到对方的利益。

——李嘉诚

有钱没有用，要有人，自己不懂不要紧，只要敬重懂的人；用的人没有本事无妨，只要你肯把用人的名声传出去，自会有有本事的人投到你的门下。在李嘉诚看来，人比钱财更重要。虽然，李嘉诚是一个商人，他平日里做得最多的事情是做生意，但是，这样一个与钱打交道的人却时刻将结交朋友放在第一位。不过，李嘉诚结交朋友从来不以利益为先，他不苟求钱财名利，而是结交人心，这恰恰是商人李嘉诚交友的明智之处。在现代社会中，人情账远比钱财账更重要，只要你懂得笼络人心，无疑就会自己积累了丰富的人脉资源。在广布人脉的过程中，要暂且将钱财名利抛开，或者说，应该不吝啬自己的钱财，一切皆为求取人心做好准备。李嘉诚愿意为了交友而不惜重金，由此可见，他所求的不过是“人心”二字。

李嘉诚曾与证券专家杜辉廉有不解之缘，他曾多次邀请对方担任长江实业董事长，但都被杜辉廉谢绝了。不过这并没有影响两人之间的深厚交情，杜辉廉依然常常尽心尽力地给李嘉诚出谋划策。

1988年底，杜辉廉与好友梁伯韬一起创办百富勤融资公司，李嘉诚二话不说决定帮助百富勤，以回报杜辉廉对自己的帮助。百富勤公司35%的股份掌握在杜辉廉和梁伯韬手中，其余股份由李嘉诚邀请包括他在内的18路商界巨头参股。由于这些富豪都曾受过杜辉廉的帮助，所以在接到李嘉诚的邀请之后，便马上应诺。而且，这些人的参与只是出于情义，帮公司壮大声势，并不会干预任何政事。当百富勤站稳脚跟之后，李嘉诚等人主动缩减自己所持的股份，让杜辉廉和梁伯韬持股量达到安全线。

李嘉诚在商场上打拼，钱财他自己有，名利呢，他并不是那么热衷，他想要的就是丰厚的人脉资源，而需要建立这样的人脉关系，就应该打动他人的心，而不是求钱财名利。李嘉诚非常明白这一点，同时，也将自己的想法付诸于实践。

当时，在官场有一个叫宝森的人，此人政绩平平，本来在四川境内为官，却由于同僚上奏，被调出了四川。下台之后，宝森闲居在京城，每天喊许多朋友来家里玩，饮酒、品茶、赌钱，表面上看似生活过得很惬意，但是宝森心中却是十分落寞。胡雪岩觉得宝森是一个值得结交的朋友，即便他现在没有官衔、没有地位。于是，胡雪岩亲自登门拜访，劝说宝森到上海游玩，并当即承诺了“全部费用由我出”。不巧，这个提议正中宝森下怀，原来，之前由于自己旗人的身份限制，只能在京城游玩，既然胡雪岩盛情邀请，自己就随他去上海玩玩吧。于是，宝森随着胡雪岩游上海、逛杭州，游山玩水，乐趣无穷。自从这件事以后，两个人的友谊升温，宝森把胡雪岩当成了知己，每当胡雪岩遇到了头疼之事，宝森定是自告奋勇，帮胡雪岩在京城里打点通融。胡雪岩如此的仗义疏财，结交朋友，广布人脉，还体现在许多事情上，比如钱庄“阜康”的创立。

胡雪岩在创立“阜康”之后，第一个举措就是免费为一些特殊身份的太太、小姐开设户头，而那些太太、小姐均是巡抚布政使司的家眷。其实，胡雪岩这样的举措为其带来了两个好处，一方面，家眷们平白无故就得了好处，人心所向，会因为人情而将钱存入阜康，另一方面，会将胡雪岩的慷慨作风传播出去，同时外面的人都知道阜康原来有抚台撑腰，招牌肯定靠得住。这样一来，钱庄的生意自然就滚滚而来。胡雪岩就这样借助巡抚布政的势力，长了钱庄的人气，积累了丰富的人脉。

在上面的故事中，胡雪岩在积累人脉的时候，心中所求并不是钱财、名利，而是人心。或许，有人会说，胡雪岩本来就是商人，他以钱财结交朋友，那是很正常的，也是不容拒绝的。可是，胡雪岩与大多数商人的不同点在于，他不仅仗义疏财，而且骨子里是怀着真情实意的。有了真情，才能打动人心，再加上适当的钱财赠予，人脉资源还用愁吗?

1.有“利他”的想法

利他，即为他人着想，做有利于他人的事，利他人也就是利自己。为了使对方获得方便与利益，尊重他人利益的行为，出于自觉自愿的一种利他精神的行为。有利他的想法，一方面满足了自己的需要，另一方面还帮助了别人。甚至，有时候我们可以放弃自己的需求来满足别人的愿望。

2.不要把利益看得太重

俗话说："三分利吃饱饭，七分利饿死人。"不管是做人还是做生意，都不要把利益看得太重。比如做生意，薄利多销，尽管利润微薄，不过容易在价格上形成优势，从而靠销量占优势来弥补价格上造成的损失。

智慧启示

李嘉诚是商人中的性情中人，他在与人交往时体现出的情义与美德，也是他赢得成功的重要因素。有情有义才能体现出一个人的修养，做人就是这样，如果只看重利益，没有几个情意深重的朋友，一旦事业陷入危机，那想要获得实质性的帮助简直是天方夜谭。

赚钱的秘诀是甘愿吃亏

有钱大家赚，利润大家分享，这样才有人愿意合作。假如拿10%的股份是公正的，拿12%也可以，但是如果只拿8%的股份，就会财源滚滚来。

——李嘉诚

李嘉诚一直认为，做人不可自私自利，有钱要大家赚，利润更要让大家一起分享，有情有义才有人愿意与之合作。作为最大投资商，拿10%的股份很公正，拿12%也没什么，不过如果只拿8%的股份，将其余回报给那些曾经支持过你的人，虽然让出了利益，但财源会源源不断而来。

人们常说："好汉不吃眼前亏。"他们总认为自己有着自己的自尊和颜面，绝不能在他人面前吃亏，不能失去眼前的点点利益。其实，这样的理解是错误的，真正的好汉一定有着锐利的眼光，他所关注的是长远的根本利益所在，而不会计较眼前的利益变化，他们宁愿舍小利而保大局。只有那些鼠目寸光的人，才吃不得眼前亏，他们心胸狭隘，容不得一点儿损失，所以最终难以成就大事；而那些真正的好汉，就是高瞻远瞩的人，也会吃眼前亏，他们视野辽阔，容纳天地于自己的心中，所以，舍小利而促成功。有时候，在眼前的只是蝇头小利，即便是你千方百计追寻了，那也不能铸就你的成功。与其紧紧地抓住眼前的东西，还不如把眼光放长远一点，放长线钓大鱼，这样离成功就会越来越近。

美孚公司闻名于全世界，当时为了占据中国这个极具潜力的市场，总公司决定在上海开设油灯厂。当时的中国还比较落后，绝大多数的中国人还不懂如何使用煤油灯。美孚公司的负责人在上海花了很长的时间，使出来许多招数，也没有收到想要的效果。后来，公司想出了一个决策：只要购买了两斤煤油，还可以奉送刻有“请用美孚油”字样的煤油灯一盏。这个决策出来，很快取得了良好的效果。喜欢贪图便宜的人认为，两斤油本来不贵，还可以白捡一盏价格不菲的油灯，于是购买煤油的人越来越多。只是短短一年中，美孚公司就“赔”掉了80多万盏煤油灯，这对于公司来说是个不小的损失。但是，正是这80多万盏白送出去的煤油灯，起到了广告的作用，成了美孚公司取之不竭的财源。就这样，美孚公司迅速占领了中国的“洋油”市场，而且盛销几十年，获利无穷。

美孚公司甘愿吃眼前亏，不惜赔出去80多万盏煤油灯，这在消费者眼里却是“打着灯笼找不着的好事”，于是纷纷购买煤油，谁知，自己无意中给公司做了一个活广告。所以，美孚公司放弃了眼前的利益而获得了长远的利益，小利变大利，利滚利，利翻利，先前看似赔本的“油灯”，最终却收获了高额的利润。这是一种商业中的计谋，也是每一个人需要学习的智慧。

好汉之所以会吃眼前亏，是为了以后更好的发展，寻求更为长远的利益。虽然在很多时候，好汉是需要骨气的，不应该轻易放弃眼前的东西，但是在现实生活中，残酷的现实、生存的压力，即便是怎么立志高远、胸怀大志，但连最基本的生活保障都没有，又何谈志向呢？好汉要学会吃眼前亏，其实就是一种忍耐，一时的忍耐并不是对命运的屈服，也不是卑躬屈膝，而是对未来的一种铺垫和积累。

2005年胡润百万富豪榜中，严介和以125亿元的资产位列中国大陆大富豪第二。但在他发迹之前，他也曾做过吃亏的事情。

在1992年的时候，严介和租赁了一家濒临破产的建筑公司。但是，第一次接到的一项业务，居然是一个被承包商转包五次的建筑工程。他对那个业务进行了预测，立即傻眼了，如果自己接下了这个工程，至少得亏损五万元，这完全是一个没人敢接的工程，所以才落入自己的手中。是接还是不接呢？他陷入了沉思，因为自己没有后台也没有任何关系，在建筑业这个关系错综复杂的生态圈中，他只能得到这样的业务。于是，他决定接下这个业务，即使亏损也无所谓。当工程完成之后，验收部门不相信这样的亏本工程会有好的质量。但检测结果令人瞠目结舌，所有指标个个皆优。虽然，他亏损了8万元，但良好的质量却为他赢来了一笔又一笔的业务，最终他成功了。

学会吃眼前亏，虽然这其中有许多无奈，但其实也是为今后的成功积蓄力量，严介和就是利用了“欲取先予”的计谋，巧妙地做了一笔一本万利的生意。人生也是一样的，当你认为吃亏是一种损失，其实，之后就会为你谋取更多的长远利益。

1.吃亏是福

古人说：吃亏是福。吃亏从表面上说是一种损失，但从长远看来，却是一种福气。当所有人都在竭力争取的时候，你选择了吃眼前亏，不仅为自己树立良好的信誉，还会让他人对你产生莫大的好感。

2.赚钱的秘诀是甘愿吃亏

有人问李泽楷：你父亲教了你怎样成功赚钱的秘诀吗？李泽楷说，赚钱的方法父亲什么也没有教，只是教了一些为人的道理。李嘉诚曾对李泽楷说，和别人合作，假如对方拿七分合理，八分也可以，那么李家拿六分就可以了。

智慧启示

李嘉诚宁愿吃亏以争取更多人愿意与自己合作，尽管只拿六分，但现在多了一百个合作人，又是多少个六分？如果拿八分，一百人就变成五个人。李嘉诚一生与许多人进行长期或短期的合作，最终他总是愿意自己少分一点钱；如果生意做得不理想，就什么也不要了。所以，李嘉诚成功的秘诀之一就是甘愿吃亏。

广施恩情，赢得人脉

假如今日，假如没有那么多人替我办事，我就算有三头六臂，也没有办法应付那么多的事情，所以成就事业最要害的是要有人能够帮助你，乐意跟你工作，这就是我的哲学。

——李嘉诚

英国人沈弼在20世纪70年代担任香港汇丰银行董事长。在港英政府时代，汇丰银行作为香港英资垄断财团的翘楚，事实上控制着整个香港的经济，而汇丰银行董事长则是香港的实际统治者。沈弼与从事房地产业务的李嘉诚私人关系极好。沈弼在1986年退休回英国时，李嘉诚将一个1米高的新汇丰银行总部的纯金复制品送给沈弼。当时，沈弼没有公开竞标，直接将和记黄埔地产集团的控股权以净资产一半的价格卖给李嘉诚。付款方式中规定，李嘉诚拥有延期付款的特权，实际收购价格比合同规定的价格还低。李嘉诚家族因此一跃成为仅次于英资财团怡和的香港第二大房地产开发商。

俗话说："山水轮流转，三十年河东，三十年河西。"一个做大事的人应该有长远的打算，不仅仅需要储蓄钱财，更要为自己储蓄人脉。当年的"冷庙"变成了"热庙"，对方自然会因为你当年的参拜而对你刮目相看，而且，也不会把你当作趋炎附势之辈。在日常生活中，要想建立广阔的人脉关系，就应该学会施恩，联络一下感情，送些礼物，即使面对一个陌生人，我们也要施以恩情，谁知道他会不会是一名大人物呢？而对于那些怀才不遇的人，虽然，此时对方无权无势，但等到他一朝发达的时候，便是你收获之际。

其实，早在胡雪岩十五岁的时候，他就懂得了施恩，而且从中收获了不少。有一年，一位金华的客商来杂粮行谈生意，可是刚到了大阜就病倒了，由于在大阜举目无亲，没有人照顾，而拖着病体又回不了金华，心里十分着急。胡雪岩是一个善良的小伙子，他知道这件事以后，就赶到那人的病榻前，一连几天给他端药送饭，忙前跑后，照顾得十分周到。就这样，在胡雪岩的精心照料下，客商的身体痊愈了，对此他十分感动，主动问起了胡雪岩的事情。后来，为了报答胡雪岩照顾之恩他好心建议：“我们那里比大阜好玩得多，你随我一起到金华如何？”因为金华火腿行比杂粮行规模大得多，胡雪岩的施恩为自己赢得人生的第二次机会。而正是因为这样的施恩，让胡雪岩结识了对自己一生有恩的贵人——王有龄。

后来，几经周折，胡雪岩在杭州钱庄当起了学徒。这年夏天，胡雪岩在一家茶店里碰到一位落魄的青年，在交谈中得知对方叫王有龄，是一位候补盐使，此时正打算北上投供加捐做官，可是，自己贫困潦倒，没有亲人，如今只能泡在茶馆里打发时光。

胡雪岩了解到这样的情况后，心中有了主意，他看准眼前的王有龄绝不是等闲之辈，如果自己帮助他进京投供，定会赢得对方的感激。他日后有了出息，肯定会帮助自己飞黄腾达。虽然，当时的胡雪岩只是一个小伙计，手里并没有多少钱，但是他毫不犹豫地将刚收回来的五百两银子压在“王有龄”身上。接过胡雪岩递过来的银票，王有龄又惊又喜，感激涕零，将胡雪岩当成了自己的大恩人，有了银两，他第二天就起程去京城了。

后来证明，胡雪岩当初的判断是正确的，他得到了王有龄的帮助，成为商场上呼风唤雨的人物。

胡雪岩的两次施恩都为自己换回了丰厚的回报，实际上这只不过是胡雪岩积累人脉的其中一二而已。其更为智慧的是，他大多选择那些落难中的人，对这样的人施恩，所激发的感激力量将会更巨大。比如，王有龄在得到胡雪岩的帮助后，将其作为自己的大恩人。后来，王有龄为官后，胡雪岩不再做钱庄的小伙计，而是自立门户，贩运粮食，官商联合，如鱼得水，事业也日渐发达，这就是人脉资源的丰厚回报。

在生活中，我们要深谙建立人脉关系的智慧，多烧“冷灶”，多拜“冷庙”，令他人对你心存感激。当然，广施恩情，并不是说需要我们做作地对他人施以恩情，而是内心怀着这样一份情感。胡雪岩内心善良，他才会做出那么多有情有义的事情，对于我们来说，心中要常怀恩情，哪怕对一个素未谋面的陌生人，也应心怀仁慈，或许他就是你人生中的大贵人呢。

一个大雨的下午，一位老妇人走进了匹兹堡的一家百货公司，漫无目的地闲逛着。售货员看得出她并不想买东西，大家都自顾自地，有人忙碌着，有人闲聊着，没有一个人去搭理她。这时，一名年轻的店员向前，礼貌地和老妇人打招呼，询问：“您是否需要服务？”老妇人坦率地告诉年轻的店员，自己进来只是为了躲雨，并不打算买任何东西。年轻店员听了，微微一笑，说道：“即便如此，您仍然很受欢迎。”两人闲聊了起来，眼看天色越来越晚，可大雨丝毫没有停下来的意思，望着窗外的大雨，老妇人微微皱眉。年轻店员从柜台里拿出自己的雨伞，对老妇人说：“您先拿去用吧，我下班比较晚，那会说不定雨已经停了。”老妇人推辞，年轻店员却执意将雨伞递给她。

过了几天，这位年轻店员早已经忘记了这件事。有一天，他突然被公司老板叫到办公室，老板将一封信递给他。这封信正是那天到公司避雨、自己赠送雨伞的老妇人，她要求百货公司派这名年轻店员前往苏格兰，代表该公司接下一所豪华别墅的装潢工作。当年轻人接下那笔巨额交易的工作后才知道，那位老妇人是美国钢铁大王卡内基的母亲。

生活中一个不经意的援助，使得年轻的店员得到了丰厚的回报，其实，这也是建立人脉关系的方法。虽然，这样的方法看似有点像朝着大海撒渔网，不过，运气好的话，你有可能会网住一条大鱼，就如这位年轻的店员一样。

智慧启示

恩情，并不在乎大小，而在乎心诚。如果你本身就是一个善良的人，那么恩情就会在你不知不觉的言行中流露出来。凡事多施以恩情，令他人心存感激，那么，你的人脉资源就会越来越丰富。

舍得把利益让给合伙人

我觉得，顾及对方的利益是最重要的，不能把目光仅仅局限在自己的利益上，两者是相辅相成的，自己舍得让利，朋友才乐意与你合作。这是我小的时候我母亲就告诉给我的道理，经商也是这样。

——李嘉诚

李嘉诚说，做生意首先要有“分享”意识，有钱大家赚，利润大家分享，这样才有人愿意合作，生意才能做得足够大。有钱大家赚一直是李嘉诚经商不变的原则，而且他在利益共享方面非常慷慨，赢得了众多追随者，这使得李嘉诚很有人缘，生意也越做越大，越做越容易。

在香港地区有个不成文的规定，董事长每年会从利润中拿出一定比例来奖励董事会成员，称之为“袍金”。而李嘉诚担任了十余家公司的董事长或董事，所得“袍金”基本是上千万港元。不过，他将所有的袍金都纳入长江实业的账目中，自己每年只是象征性地拿5000港元。就香港经济而言，5000港元远不及一名清洁工在20世纪80年代初期的年薪。李嘉诚对袍金的做法，成为香港商界的美谈。

20世纪80年代，香港大富豪包玉刚看到九龙仓股票发展势头很猛，在利益的驱使下，他考虑吃掉这块大肥肉。而在另一方面，李嘉诚也已经动手了，他一举夺得九龙仓2000万股的股票。

很快，九龙仓的股价由原来的10多元港币涨到了40元港币。但李嘉诚的举动却是出乎所有人的意料，他主动以每股36元港币的价格，将这些股票转让给包玉刚。他这样的做法包括朋友、下属都很不理解，眼看把到嘴的肥肉吐出来送人，确实有些傻。但是，李嘉诚却有自己的打算，他说：“要照顾对方的利益，这样人家才愿意和你合作，并希望下一次合作，即使在竞争中，也不要忘了想一想对方的利益。”

李嘉诚的“分享”智慧，体现了商界互惠互利的经营观。做生意，本来就是合作的过程，只有在合作中才能实现交易，李嘉诚在经商过程中，主动与人分享利益，赢得的却是他人的信任，更多的是合作伙伴以及未来的市场。

假如一单生意只有自己赚，而对方一点不赚，那这样的生意李嘉诚是绝对不会做的。生意人应该利益均沾，这样才能保持长久的合作关系。反之，如果只顾着自己的利益，而无视对方的利益，只做一锤子买卖，那自己只会把生意做败了。

1961年，京瓷刚刚创办不久，有11名才进公司不久的员工突然来到稻盛和夫的办公桌前，递给他一封“请求书”，要求稻盛和夫承诺给他们定期加薪水和奖金等未来保障。其中的领头人反复强调，如果不答应他们要求的话，他们就会集体辞职。这使稻盛和夫想起了自己当初才进松风工业不久，也想要辞职的那段痛苦的经历，他明白对于一个初入职场的人来说，仓促的辞职是多么危险的一件事，所以他决定耐心地听完他们的解释，并且设法使这些人留下来。

原来跟随稻盛从松风公司出来的那些人都是些夜以继日的工作狂，根本没有时间的概念，这样迫使这些新来的员工都得陪着上司一起每天加班好几个小时，有的时候甚至要放弃周末的时间。因为这些原因他们对公司逐渐产生不满情绪，所以他们才提出了那些要求。然而他们所提出的要求，对于一个成立不久的公司来说，根本就没有能力做出任何的保证。稻盛和夫就在自己的家里与他们促膝长谈了三天，一个个说服他们，并且保证不会背叛他们。他甚至承诺：如果背叛了他们，就让他们用刀把自己给捅了。

经过这次谈判，稻盛和夫深深地感觉到自己身上的责任，他对自己说：“如果只是为了追求自己作为一名技术员的梦想而开展经营的话，即使取得了成功，那也是建立在牺牲员工利益的基础上的。但公司应该有更为重要的目的，公司经营最基本的目的必须是保护员工及其家属的今后生活，为大家谋幸福。”从此他总结出了公司的经营理念，那就是“追求全体员工物质与精神两方面的幸福”。

不管是做人还是做生意，要舍得让利给对方，尽管目前看来好像是吃了点亏，不过从长远看并非吃亏。因为将利益让给别人，对方不但不会因为争利而与自己敌对，反而会生出很多感激之情，信任自己。毕竟，赢得别人的信任比什么都重要，而赢得同行的信任则更加重要。当自己遭遇困难的时候，那些信任自己的同行在关键时刻会帮你一把，即便不能帮你，也不会落井下石。

1.不要过于抠门

作为一个理性的人，一定要具备长远的战略眼光，将精力集中在创造财富上，而不是守住财富。假如与合伙人争小利，眼睛总是盯住眼前的利益，一方面会由于将精力耗在这种竞争上而没有精力去创造财富，另一方面因为争小利还会伤了彼此的和气，容易树敌过多。

2.关注对方的利益

不管是做生意还是交际，本质就是合作，所以要时刻注意对方的利益和诉求，让对方拥有足够的回报空间。在任何一个行业中，假如能有两家公司保持比较好的合作关系，那这两家公司都可以达到双赢的局面。

智慧启示

人与人之间的关系维持对双方都有利是双方保持稳定合作的基础。这就需要双方当中的任何一方都要为对方着想，多考虑对方的利益。假如只是顾着自己的利益，而让对方少得到一些利益，这种关系必将走向破裂，受害的也是合作的双方。

第04章

人道策略——先做人再做事

李嘉诚认为，商道即人道，所以应该先做人后做事。做人，是一种自我的塑造，一种内在的完善，比如人生观、价值观、世界观等；做事，是人的一种行为，而这些行为都是由内在决定的。只有拥有正确的观念，正确的想法，才能做出正确的事情。

心怀感恩，报之以李

不懂感恩，再优秀也难以成功。

——李嘉诚

人一生要感谢的三种恩情：父母之恩，老师之恩，上司之恩。在生活中，感恩是一种处世的哲学，是一种生活的大智慧。其实，生活就是一面镜子，你对着它笑，它就笑；你对着它哭，它就哭。上天是最公平的，它赐予了我们如此多彩的世界，难道我们不应该感恩吗？感恩父母，感恩老师，感恩生活，感恩那些曾经帮助过自己的人。

俗话说："滴水之恩，定当涌泉相报。"李嘉诚的一生，只因为他懂得感恩，感谢生命中的一切，无论是成功，抑或是落魄的时候，他始终怀着一颗感恩的心，这颗感恩的心伴随着他走上了"首富"的巅峰。人生在世，我们需要感恩的人有很多，那些帮助自己的人，那些给自己恩惠的人，等等。或许，现在的我们拥有的东西越来越多，但是，贫瘠的精神里不能缺乏一颗感恩的心。

李嘉诚曾在年少落魄之际，得到了一名中学生的借伞之恩。但因为他到处奔波没能及时还伞，后来他连续七天都始终没能见到那位中学生，李嘉诚心里总惦记着这件事。

尽管李嘉诚后来有钱了，但只要有时间依然会拿着那把伞去学校门口转一圈儿，想找到那位中学生，将伞还给人家，但一直没能如愿。再后来，李嘉诚成为了华人首富，那所中学也搬迁了，不过他依然不死心，每次去门口带着那把伞，希望有一天能遇到当年借伞给自己的中学生。

二十多年过去了，他依然在寻找那位中学生。他已经没有时间和精力来寻找，所以把这个任务交给了行政部张经理。他告诉张经理："只要找到伞的主人，就让伞的主人马上去见他。"张经理恭敬地收下那把伞，说会尽可能找到伞的主人。李嘉诚多次催问，张经理都说没有找到。李嘉诚认为张经理办事不力，决定将他下放到下属公司。

没想到，临走那天，张经理找到李嘉诚，希望能带走那把伞。并坦诚地告诉李嘉诚："李总，你不用再找了，我就是伞的主人。"原来，张经理在借伞给李嘉诚的第二天就转学去了别的地方，后来大学毕业后应聘到李嘉诚的公司，他看见李嘉诚经常拿着一把伞，在寻找伞的主人，而张经理也认出了那把伞，那是自己当年送给小贩的伞。

听完了张经理的讲诉，李嘉诚走到他面前，郑重地给张经理鞠了一躬："小张，谢谢你，谢谢你当年对我的帮助，我知道你不想让我为你做什么，但有一件事我要告诉你，你送的那把伞，我在创业时一直使用它，因此我把它算做了10%的创业股份，现在我要把这10%的创业股份还给你，请你接受。"

张经理心里当然清楚10%的创业股份值多少钱，但是他却摇摇头，说自己的伞不值那么多钱，只希望李嘉诚还给他那把伞。李嘉诚被张经理深深地打动了，恭恭敬敬地把那把伞还给了张经理，并下决心将10%的股份给他。

一份恩情记了几十年，在这几十年中总是想这件事，可不是时间不对，就是地点不对，最后，终于报了此份恩情。由此可见，感恩在李嘉诚心中已成为了一种信仰。或许，在大多数人看来，那就是一件小事，不过李嘉诚却始终牢记在心，碰到了一个报答的机会，他就大报特报，将陈年小事的恩情回报得漂漂亮亮。

刘凯出生在一个贫困的家庭，生活的窘境似乎给了他莫大的激励，他成绩十分优秀，然而正当升学的时候，家里却是入不敷出。无奈，他只能一边打工一边读书，十分辛苦，街坊邻居了解到他的情况，纷纷出钱资助，并很快成立了资助小组，每人每月按时出钱，不够由居委会补贴。

在街坊邻居的资助下，他顺利完成了学业。如今，他已经是电机工程的博士了，就职于一家金融公司工作。为了回报当初帮助过自己的人，他将工资的一部分寄给那些帮助过自己的人。几十年来，每月按时寄，从来不停歇，他说："这是我的一份心意，受人恩惠，应涌泉相报，如果不这么做，我会良心不安。"

感恩，是一种生活态度，是一段内心独白，感恩不是简单的回报，而是一种责任。在这个世界，除了亲人，谁也没有义务对你好，给予你恩惠，所以对那些给自己帮助的人，包括我们的亲人，说声"谢谢"，并以自己的实际行动来诠释你的感恩。感恩，让我们变得富有，享受温暖；感恩，让我们变得成熟，富有魅力。更为关键的是，你的感恩，将会打动人们的心，而你的朋友圈子将会越来越广。

个人懂感恩，他才能结交更多的朋友。"投之以桃，报之以李"，实际上人与人之间的关系是建立在互惠互利的基础之上的，受人恩惠，懂得回报，这是人之常情，更能体现一个人的品德。

1.向陌生人说"谢谢"

保持对陌生人说"谢谢"的习惯，不管是送报纸的邮差，还是为你开门的绅士，甚至是载你回家的出租车司机，习惯说一声"谢谢"，这不仅仅是礼貌的表现，还会让自己处于一种更感激的状态。

2.对爱自己的人表示感激

在我们身边，围绕着许多爱我们的人，你是否有对他们说"感谢"。如果想成为懂得感恩的人，就应该在朋友和家人帮助自己时表达感谢，或仅仅因为他们陪伴而表示感激。这并非感性，而是习惯性感激。

3.主动帮助朋友

不会感激的人是自私的，而且只会在他们获得好处时才与别人交往。所以，要学会主动为朋友提供帮助，身边的朋友可能需要帮忙，那么主动伸出援手，那么当你被帮助时你会感到感激。

智慧启示

有的人受了他人恩惠，转身就忘记了，时间长了，就没有人会帮助他，即使遇到了困难与挫折，他所能依靠的只有他自己了。所以，在生活中，我们要懂得感恩，感恩他人的过程实际上也是一个建立人脉关系的过程。

保持低调，从容不迫

保持低调，才能避免树大招风，才能避免成为别人进攻的靶子。如果你不过分显示自己，就不会招惹别人的敌意，别人也就无法捕捉你的虚实。

——李嘉诚

水满则溢，月盈则亏。虽然，在商海沉浮之中，李嘉诚屡创奇迹，但是，他一直保持不张扬、不炫耀的低调姿态，在同仁中收敛自己，以避免树立强敌。李嘉诚身为华人首富，如此响亮的头衔非但没能使其张扬起来，反而变得愈加低调。试想，如果你自己有了如此响亮的头衔会作何感想呢？可能，有的人就耐不住沉静了，满大街地张扬自己就是“鼎鼎有名的华人首富”，而李嘉诚正是以一贯的低调姿态来面对这一称呼。现在我们应该明白了，为什么李嘉诚在其事业最辉煌之际依然能保全自己呢？其中，最重要的原因就是“不张扬、不炫耀。”的低调姿态。

现代社会里，我们经常看到这样两类人：张扬、炫耀之人；低调、内敛之人。如果你仔细观察他们，就会发现，他们的人生之路是如何迥然不同。前者生性张扬，注定了其前进之路充满了艰辛，后者惯于低调，做任何事情都能从容淡定，前方之路定会平坦多过坎坷。

林燕妮是香港广告界著名人士，以前，香港的广告市场是买方市场，基本上都是广告商主动寻找客户，寻求合作，而客户根本不用担心会找不到好的广告公司。因为这样的原因，许多企业总是盛气凌人，完全不把广告商放在眼里。

有一次，林燕妮去长江实业的总部洽谈生意，令她感到意外的是，李嘉诚想得非常周到，特意派服务员在地下电梯门口等待，把林燕妮等人接到了楼上。刚好那天下雨了，由于林燕妮被雨水淋湿了，李嘉诚看到这样的情况，连忙帮着她脱下外衣，并亲手挂在旁边的衣架上。

低调于李嘉诚而言，是一种智慧，一种风范。他平时特别忌讳树大招风，曾有感而发“在看了苏东坡的故事后，我就知道什么叫无故伤害，苏东坡没有野心，但就是被人陷害了，他弟弟说得对‘我哥哥错在出名，错在太高调’，这个真是很无奈的过失”。

道光年间，曾国藩连年被提拔，升迁极快，十年之间连升十级。当他升为正三品大员后，按当时朝廷的规定，需要将乘坐的蓝呢轿子换为绿呢，而且还需要增加抬轿的人数。当然，这并不是硬性规定，官员可以量力而行。

曾国藩早已经打定主意，绝不抬绿呢轿子，自己收入有限，不想养太多的闲人，另外平时低调惯了，不想招摇过市。而且，自己乘了绿呢轿子，不仅仅增加几名轿夫，还需要引轿官，扶轿官，这样太排场、太高调了。曾国藩虽然升官了，但还是像以前一样低调，如果他太张扬，肯定会引起朝廷和同僚的不满。

不久之后，曾国藩又升为二品大员，听到了这样的消息，下人当即为他推举了四名轿夫，要把四人大轿改为八抬大轿，曾国藩却拒绝了。他深知“水满则溢，人满则忌”的道理，对于那些可摆不可摆的架势、可坐可不坐的大轿，一律是不摆不坐。因为这样，曾国藩乘坐蓝呢轿而曾被下级官员欺辱，但是只要是京城三品以上的大员，在出发之前，都会向轿夫叮嘱一句：“长点眼睛，内阁学士曾国藩大人坐的是蓝呢轿呢。”

曾国藩在官场数十年，但依然能纵横左右，其原因在于凭借了自身的低调，一方面化解了凶险，另一方面知内敛，办事更从容。在官场流行这样一句话“升官”是一柄双刃剑，你在此时的表现将直接决定着你的走向到底是

“顺风路”，还是“坎坷路”。曾国藩以自己的低调，即使在连连升官后，也踏上了顺风之路。

1.谦虚谨慎

谦虚谨慎是低调做人的首要条件，不管是居于庙堂之上，还是下里巴人，不管自己能力有多强，都要深藏不露，毕竟只有谦虚才能赢得别人的尊敬和好评。

2.能屈能伸的性格

假如自己真的拥有优秀的能力，也要蛰伏起来，毕竟是金子总会发光的，真正的人才是不会被永远埋没的。不管遇到什么事情，都要稳重，调整好心态，不急不躁，体现自己良好的修养，这样别人才会对你刮目相看。

3.淡泊名利

名利都是身外之物，毕竟人的价值体现并非当了多大的官，挣了多少的钱，重要的是是否过得开心。低调的人，因为淡泊名利而谦虚谨慎。

智慧启示

李嘉诚低调的智慧给我们现代人的启发就是：在工作中，尤其是在升迁之际，一定要保持低调、内敛的姿态。在你晋升职位后，身边的人都会不自觉地暗中观察你的一举一动，目光变得格外挑剔，这时你若能保持低调的姿态，一定能迎来平坦的前途，否则太过张扬，只会为自己树立强敌。

为富更仁，达济天下

我的钱来自社会，也应该用于社会。

——李嘉诚

李嘉诚将自己的名誉看作自己的“第二生命”，不过他却从来不用自己斥巨资成立的慈善机构“李嘉诚基金会”的名义来为自己的名誉添彩，他为人类的教育、医疗、文化方面的公益事业作出了巨大贡献，却从未有一项捐款冠以自己的名字。说道自己的捐赠情况，他说：“曾有人问我一共捐出多少钱，我说我一向没统计，大抵有几十亿，也可能没人信。”众所周知，李嘉诚做好事从来不张扬，即便是慈善这种造福社会、造福民众的善举，他都是默默进行，相对于其他商人的高调行善，他显得非常低调，而根据相关数据显示，李嘉诚基金会成立以来已经捐出了高达80亿港元的善款。

说到商人，我们会联想到“为富不仁”，然而李嘉诚这位成功的商人却不这样，一直以来，他以“仁义”二字作为经商的核心，乐善好施。似乎，“为富更仁”用在李嘉诚身上更适合，他以善念来莹润内心，不断修炼自己，也正是如此，促成了他生意场上的辉煌成就。

有一次，滕文公拜访孟子，长叹道：“您是大学者，大贤人，所以特来向你请教，您知道，滕国兵微将寡，国家贫弱，依先生之见，怎样才能使滕国早日富强起来不受邻国欺辱呢？”孟子说：“百姓是国家的本源，把一个国家比喻为大树，那么百姓就是树根，树根越发达粗壮，才能使枝干强健，树叶茂密，大树才能茁壮生长啊。”滕文公问道：“怎么样才能使树根健壮呢？”

孟子说：“当然要施仁政，孔子说：仁者爱人。要珍惜民力，不要做劳民伤财的事情，更不要随意增加百姓的赋税。百姓安居乐业了，还愁国家不富吗？阳虎说的想发财就不能讲仁义这句话十分荒谬。对一国之君来说，只有讲仁义才能使百姓爱国，百姓才肯为国家效命。如果国君横征暴敛，弄得百姓怨声载道，百姓当然不愿意为国效力了。”

这是一个关于“为富不仁”的故事，所谓“种瓜得瓜，种豆得豆”，如果你想有人帮助你，就应该学会帮助他人。反之，如果你只是一味地接受别人的帮助，那么对方也会减少对你的帮助。

在生活中，人与人之间的帮助是相互的，只想获得，不想付出，这样的事情是不可能的。首先要学会帮助别人，哪怕你有了万贯家财，也不要忘记帮助他人，这样为自己积累良好的关系与乐善好施的口碑，日后你需要帮助的时候，才能随时找到帮助你的人。

说到商人，我们总是会想到“奸诈”这样的词语，似乎不奸诈的人是没有办法成为成功的商人的。不过，红顶商人胡雪岩的出现却打破了人们对商人的看法，“仁义”成为了他的代名词。在经商致富后，胡雪岩并不吝于眼前的利益，而是广施善行，处处打抱不平，行侠仗义。其中，我们就说说，在杨乃武与小白菜的不幸遭遇中，胡雪岩慷慨帮助的事迹。

当时，因为小白菜的丈夫暴病身亡，在这之前，有谣言说杨乃武与小白菜之间有奸情。后来，小白菜的丈夫因吃补品太多而七窍流血而死，至此，婆家就认定了是小白菜谋害了丈夫，于是将她交给官府查办。不过，婆家认为谋害丈夫这样的事情是女流之辈无法做到的，于是一口咬定有帮凶。小白菜大呼冤枉，官府不查，用大刑逼供，小白菜无法忍受刑讯，只好说与杨乃武合谋，最后两人含冤画押，被判死刑。

杨乃武的姐姐不相信他会做出这样的事情，于是便上京告御状，却无人受理，被驱赶而回。姐姐仍旧不服气，想要再上京，可是家里钱财已经用尽，根本没有办法再次上京。这时，胡雪岩听闻了此事，毫不犹豫地出手帮助，他赠送姐姐二百两银子，这银两成为了杨乃武姐姐上京救弟的急用钱。另外，为了争取京官对这一案件的关注，胡雪岩专门拜访了翰林院编修夏同善，向他诉说杨乃武、小白菜的冤情，希望他帮助重审此案。这时的胡雪岩已经相当有声势，他的介入使得案件有了明显的转机。

果然，夏同善不忘胡雪岩之托，多次访问大学士兵，户部尚书，恳求御史去刑部查阅浙江审理的全部卷宗。后来，在大家的共同努力下，慈禧、慈安两宫皇太后亲下谕旨，重申此案，经过许多波折后，这案件才得以真相大白。

在整件事情中，都透出胡雪岩乐于帮助他人的那份热心肠，由于他有着特殊的声望和丰厚的钱财，才使得整个案件得到了昭雪的机会。随着杨乃武和小白菜案情的流传，胡雪岩的善名更是深入人心。当然，如此的仁义之心也为其赢得了生意的巨大成功。

1.精神富足才是真正富足

一个人不仅仅是重视物质丰富，更需要注重自己的精神财富，做好事可以丰富自己的内心，同时提高了自身修养，帮助了他人，于人于己都是很有好处的。为富者，仁为重，富者欲仁于贫，心勿以为己富，平等相待，如此，你的身心才能达到更高的境界。

2.别让物质丰富，精神贫乏

在现实社会中，许多所谓的富人，却在他们身上体现出这样的现象来：越是有钱，越自私。那些家财万贯的人，不仅不能向贫困的人施恩情，而且他们几乎到了一毛不拔的地步。就这样，物质上的丰富，使得他们的精神越来越贫乏，而其未来的道路也越走越窄，最后只能将自己埋葬在财富之下。

智慧启示

李嘉诚说："对其他需要你帮助的人有贡献，这就是内心的财富，是真财富。如果是金钱的财富，你今天可能涨，明天又可能掉下去。但你帮助了人家，这个是真财富，任何人都拿不走。"在现实生活中，许多人总是利字当头无仁义，其实如果以仁义作为做人的基调，那么你的未来之路将会走得顺畅得多。

静以修身，俭以养德

基金会是我的第三个儿子。

——李嘉诚

早在2006年，李嘉诚就曾说："我会将个人财产的三分之一捐作公益慈善之用。"他说："基金会是我的第三个儿子。"时至今日，李嘉诚基金会及由李嘉诚先生成立的其他慈善基金会，已对教育、医疗、文化等公益事业支持的款额逾110亿港元。当然，他在慈善事业方面的贡献已经无法单纯地用数字来形容，不过即便如此，出身贫苦人家的李嘉诚依旧保持勤俭的习惯。平日里，他对自己的衣着从来不讲究，若皮鞋坏了，觉得扔掉太可惜，往往会补一补继续穿，而一套西装穿个十年八年对他而言更是常事。

有一次，李嘉诚在澳门参加一个招待会，其宴会金碧辉煌，山珍海味，一派富贵。然而，当宴会快结束的时候，却有人看到这么一个细节：李嘉诚面前桌子上一个盘子里还剩下两片西红柿，他笑着低声招呼身边的助手，而助手也轻步上前，两个人一人一片把西红柿分着吃了。

李嘉诚就这么简单地动筷子，随意而自然，却感动了在场的所有人。

“不能浪费”，简单的四个字，是李嘉诚先生一生坚持的金钱观。正是这小小的两片西红柿，折射出他勤俭节约的品格。在他看来，即使是不起眼的小物件，也不能因浪费而抹杀了它存在的意义。

对于每一个普通人而言，李嘉诚的资产仿佛需要很多年才能达到，而他如此勤俭的生活习惯似乎也离我们很远。保持勤俭的习惯，不仅仅是李嘉诚投资理财的一种方式，同时也表明了这位华人富豪简单的心境。

2006年8月30日，巴菲特76岁生日那天迎娶了60岁新娘艾丝翠·孟克斯，艾丝翠·孟克斯是前妻介绍给巴菲特认识的，她与巴菲特已经同居28年。或许，许多人会想象，当时世界第二富豪的婚礼，况且是一起生活和等待了28年的女友，场面一定会规模宏大，十分奢侈和豪华。然而，出人意料的是，这场婚礼仅仅只有15分钟，女儿主持，异常低调，获邀前来的宾客也十分少。

巴菲特与60岁的艾丝翠穿着很普通。15分钟婚礼结束后，他们与客人一起到附近一家海鲜餐馆就餐，没有蜜月，第二天巴菲特按时到公司上班。更令人感到惊讶的是，婚礼举行前几天，一向生活简朴的巴菲特让女儿陪他专门到一家自己能够享受折扣优惠的珠宝店选购了一款漂亮的钻戒，作为给艾丝翠的信物。

巴菲特非常勤劳，一周要工作60~70个小时。巴菲特非常节俭，或者说到了小气的地步。他的整个公司就一间办公室，办公室房间非常小；大约是一个网球场的一半。巴菲特尽量少买办公用品，连买可口可乐都是一次买几箱子，这样子平均每听可以便宜一点。有一次，有个记者在机场要借巴菲特10美分打电话，巴菲特只有25美分的硬币，于是巴菲特想把25美分换开，换成10美分的硬币再借给她。巴菲特吃饭也很省钱，一顿饭也就几美元的样子。

巴菲特住的地方几十年来没换过，没有买别墅，更没有买游艇。

《福布斯》杂志发布最新“全球富豪榜”，“股神”巴菲特的个人财富从一年前的100亿美元飙升至620亿美元，一举将领衔《福布斯》全球富豪榜13年的美国微软公司创始人比尔·盖茨拉下马。然而，正是这样一位亿万富豪，生活却是如此地勤俭，这可以证明他所说过的那句话“我所想要的并非是金钱。我觉得赚钱并看着它慢慢增多是一件有意思的事”。

因为工作可以带给李嘉诚许多的快乐，所以他根本不需要花钱购买奢侈品、旅游等方式来放松心情。他对自己的生活标准感到非常满意，不追求大豪宅，对新款手机、电脑、汽车也没什么兴趣，更不用说私人岛屿和社会地位这些虚幻的东西，他崇尚最简单的生活，并以此为乐。

1.改变自己的消费观念

许多人其实收入不菲，但从来没有什么积蓄。没有控制的消费行为，最终会降低收入可能产生的效用。我们都明白，适度节俭是理财的前提，不过就跟节食减肥一样，如果你每天花得很少，但最终会花一笔大的开销。节俭的根本问题在于，人是感性事物，理性思维或者是“正确的”，但降低了生存的乐趣。关键是改变消费行为意识，重要的是像富有的李嘉诚一样节俭生活。

2.生活简单就好

现代社会发展日新月异，高科技产品发展相当迅速，假如我们在这样一个潮流中迷失了自己，整天追逐新产品，买奢侈品牌，那我们就会不断地出现负资产。生活自然简单就好，我们越是过分地追求一些物质上的东西，就会导致我们养成铺张浪费的坏习惯。

智慧启示

成功，就是每天都可以做自己喜欢做的事情，并且把它做好，我认为的成功，就是这么简单。生活水准，并不等同于生活成本，能够每天做自己喜欢做的事情，这本身就是一件很奢侈的事情。

承担责任，守望理想

永恒价值的元素，只有具使命感的人才能享有。

——李嘉诚

无论是为官还是为商，都要有一种社会责任感，既要为自己的利益着想，也要为天下黎民着想，否则为官便是贪官，为商便是奸商，这两种人，都是没有什么好下场的。李嘉诚是一个敢于担当，有着强烈社会责任感的人。说到商人，我们就会不自觉地想起“无奸不商”这句话，是不是所有的商人都奸诈呢？李嘉诚不仅是一位商人，而且他是一位成功的商人，按常理来说，他应该比任何商人都奸诈，可是他就是这样一个乐善好施的人，将自己所赚到钱财回报于社会。后来，在国家、社会有困难之际，他毫不犹豫，伸出援助之手帮助其渡过困难。

做人需要有担当，才能成大事。的确，一个人若是对什么都漠不关心，凡事都不能勇于承担责任，他怎么会承担社会所赋予的责任呢？这样的人不能受到人们的尊敬，自然也就不会受到成功之神的青睐。在生活中，我们须记住：做人有担当，方可能成大事。

李嘉诚曾在长江商学院讲话：

你成功追求自我，前途光明远大，你下一阶段的追求是什么？你的价值取向，你的理想是什么？我们活着又是为了什么？世界上千千万万的人，今天依然活在悲惨、孤寂、贫病的绝望之谷，承担社会的责任，是不是我们的义务？

我认为人最大的悲哀是无聊，患上漠不关心的冷淡症，套上自命不凡的枷锁，在专业、行业和权力的高岗上，掌控庞大社会资源和机会，却失去自重心，那些沉醉在过往，滞留在今日，那些对社会问题视而不见、无动于衷的借口大王，一定被社会唾弃和淘汰。

有能力的人，要为人类谋幸福，这是任务。历史中有很多具创意、有抱负的人和群体，同心合力，在追求无我中，推动社会改革进步。天地之间有一不可衡量，永恒价值的元素，只有具使命感的人才能享有。这不是秘密，可惜，这是三岁小孩都知道的事，但不是人人都能做得到。回想过往，人生似梦非梦，七十年匆匆过去，那个同乡看不起、瘦弱、无神的少年，一直凭努力和自信建立自我，追求无我。

各位同学，你们活在机遇的时代，在这片充满机会的大地上，我深信你们的成就一定比我更高、更好，能量一定比我更大，我们不一定是拯救世界的英雄，但我们谨守正直、正行、正念，应该可以高声回应社会：我们一生未曾不仁不义、不善不正。我盼望，为下一代建立和守望未来，是每一位长江商学院同学的承诺，让我们一起共勉，同塑更美好的世界，世世代代能在尊严、自由和快乐中，活出我们民族的精彩！

责任心是衡量一个人成熟与否的重要标准。责任心会使一个人变得坚强。面对诱惑，他能恪守原则；面对挑战，他会奋力拼搏。他知道这是他的责任，他不能逃脱，必须积极地去对待而非消极的躲避。

责任心往往驱使我们做一件事，而且会把他做好。我们每个人都要明白，只有我们认为那件事很重要，是你的责任，你就会调动全身的力量去干好这件事，千方百计地争取收获最好的结果。

胡雪岩还未涉足商界的时候，他就是一个敢于担当的人，体现在对自己所做的事情敢于承担责任。当时，胡雪岩私自拿着钱庄收回的银票对王有龄倾囊相助，他也知道自己的行为很冒失，因此在把银票借给王有龄之后，他就勇敢地向东家坦白了事情的经过，并愿意接受任何惩罚。不过，生气的东家并不相信胡雪岩的话，而是将他开除了，这时的胡雪岩心中无半点冤屈，先向东家道歉，之后就离开了。

后来，涉足商界后，胡雪岩更是将“担当”二字做得更完美。在做生意的时候，他十分注重诚信招牌，一直信奉“赌奸赌诈不赌赖”的做法，因此在生意路上，他一路飙升，成为了闻名的巨贾。胡雪岩一直主张“做人一定要敢于承担责任，敢于担当，只有这样，才是成就大事业的气概”。经商成功后，家财万贯，他没有吝啬自己的利益，而是对那些贫困的人给予帮助，积极投入到社会的慈善事业中。

晚清本就是一个极不稳定的时代，战争烽火不断，内忧外患，这给清政府带来了巨大的威胁。胡雪岩是一个有强烈社会责任感的商人，战争结束后，他在市区搭起了许多地粥铺，三天三夜免费给百姓提供米粥，帮助其渡过难关。不仅如此，胡雪岩还在钱塘江开设了义渡，方便了乘客，赢得了“胡大善人”的美名。另外，他还向旱涝灾区捐款捐物，累计起来约20万两银子。不仅如此，他还曾两次去日本，以高价购回了流失在日本的中国文物。如此一件件事情，都可以看出胡雪岩是一个敢于担当的人，他走向成功亦是必然的。

作为一个生意人，胡雪岩没有被利益冲昏头脑，而是时刻以博大无私的胸怀，投入到乐善好施中。他的担当，不仅深受人们的尊敬，而且还助他成就了一番伟大的事业。做人有担当，才能成就更伟大的事业；做人有担当，才能享受美好的生活。成大事者，要敢于对自己所做的事情负责，需要有担当的精神。

在日常生活中，我们难免会有各种各样的责任需要承担。作为社会中的一员，应善尽义务和担当责任，才能在社会中立于不败之地；作为家庭中的一员，应尽到自己的责任，才能使家庭美满幸福。生活中，责任无处不在，无处不有，我们所需要做的就是做好自己分内的事情，做一个有担当的人，修炼身心。

智慧启示

一个敢于负责任的人，无疑是一个深受人们尊敬的人，同时也是一个被成功青睐的人。责任感对于一个人的成功是很重要的，一个人拥有了责任感，敢于担当，在这一过程中，不断修炼自己的身心，才能成功地把握更多的机遇，才能在人生道路上获得成功。

第05章

修身策略——做好自我管理

彼得杜拉克说："有伟大成就的人，向来善于自我管理。然而，这些人毕竟是凤毛麟角。但在今天，即使是资质平庸的人，也必须学习自我管理。"学会自我管理，成为李嘉诚通向成功的一把钥匙。

目标管理：成功从目标开始

人最大悲哀是无聊，要以人类幸福为己任。

——李嘉诚

李嘉诚在2012年发表了《行动英雄》的演讲，其中提到"人最大悲哀是无聊，要以人类幸福为己任"。他的话启示我们：人最大的悲哀是没有目标，要以树立积极人生目标并为之奋斗为己任。李嘉诚在讲话中提到："当年我们一家生活在战乱、父亲病故、贫穷三重合奏的悲歌中。抬头白云悠悠，前景一片暗愁，仰啸问天，人情茫如风影，四方没有回应。我唯一的信念——管理好自己，才能建立更好的未来。"理想是什么呢？对于大部分人而言，理想就是设立积极的人生目标。李嘉诚告诉年轻人要以"人类幸福为己任"，虽然并非每一个人都追求如此高尚的目标，不过先求修身，再齐家、治国、平天下。

尤其是对于年轻一代的人，需要告别"无聊"时代，自我管理好空闲时间，在实践过程中慢慢设定自己积极的人生目标，并将自己的人生目标分解到每年、每月、每天，然后为之努力奋斗，以自己的实际行动去创造未来。

在西撒哈拉沙漠中，有一颗璀璨的明珠——比赛尔。每年，数以万计的旅游者会来到这里观光、游玩。可是，在很早以前，这里只是一个封闭而落后的地方，这里的人从来没有走出过大漠。当然，他们并不是不愿意离开这块贫瘠的土地，而是他们尝试了许多次都没能走出去。

有一天，肯·莱文来到了比赛尔，他用手语问这里的人："你们为什么不走出大漠？"结果所有人的回答都一样：从这儿无论向哪个方向走，最后都还是回到了出发的地方。肯·莱文不相信这种说法，他亲自做了一次试验，按照指南针的指示，从比赛尔村一直向北走，结果花了三天半的时间就走出来了。肯·莱文很纳闷：为什么比赛尔人不能走出大漠呢？为了知道原因，肯·莱文雇了一名叫阿古特尔的人，这位青年也从来没有走出过大漠，肯·莱文收起了指南针等现代设备，让阿古特尔带路，看看到底会发生什么。他们带了半个月的水，牵了两头骆驼就出发了。很快，十天过去了，他们走了大约八百英里路程，第十一天早晨，他们果然又回到了比赛尔。肯·莱文终于明白了，比赛尔人之所以走不出大漠，是因为他们在大漠里没有目标与方向。

每个人的行为特点都是有目的性的行为，一般来说，没有目的性的行为是很难成功的。有可能你想成为一名政治家，想成为一名流行歌手，想成为一名将军……但是，生活中没有目标的人就是可怜的糊涂虫，他们永远没有办法找到成功的途径。车尔尼雪夫斯基曾说："一个没有受到献身热情所鼓舞的人，永远不会做出什么伟大的事情。"一旦我们失去了目标，就意味着失去了人生的推动力，失败必将来临。

美国有一个非常著名的关于目标对人生影响的跟踪调查，调查对象是一群智力、学历、环境等条件差不多的年轻人。通过调查发现：27%的人没有目标；60%的人目标模糊；10%的人有清晰但比较短期的目标；3%的人有清晰且长期的目标。

此项调查进行了长达25年的跟踪，发现那些调查对象的生活状况以及分布现象都十分有意思：那些占3%有清晰且长期目标的人，25年来几乎不曾更改过自己的人生目标，25年一来他们一直朝着同一个方向努力。25年后，他们几乎成为了社会各界的顶尖成功人士，在他们当中有白手起家的创业者、行业领袖、社会精英；那些占10%有清晰但比较短期目标的人，在25年后，他们大多生活在生活的中上层，在他们身上有着共同的特点：那些短期目标不断被达成，生活状态稳步上升，成为了各行业的不可缺少的专业人士，他们的职业大多是医生、律师、工程师，等等；其中占60%目标模糊的人，25年后他们大多生活在社会的中下层，他们能够安稳地生活与学习，但没有什么特别的成绩；剩下27%没有目标的人，25年一来，他们几乎都生活在社会的最底层，而且生活过得很不如意，常常失业，需要靠社会救济，喜欢怨天尤人。

也许你现在与别人差距不大，那是因为你们距离起跑线不远，而不是你比别人聪明，或者说上天眷顾你，你是属于那10%、60%还是剩下部分，只有你自己最清楚，不过希望你能努力成为那10%的目标清晰的人。有目标有远见的人往往可以走得更远，因为世界会为他们让路。

1.做好自我分析

知己者明，知人者智，既知己又知人，就是明知。在设定人生目标前，必须做好自我分析，即写出自己的优缺点，分析自己的专业、特长以及灵性。

2.明确目标的含义

所谓目标，就是用来支撑灵魂的梦想，就是未来自己要成为什么样的人，做什么样的事。所以，闭上眼睛，问一下自己：我是谁？我的人生要去往哪里？我这一生的目标究竟是什么？同时，问一下自己：此生中是否有一件事值得自己穷极一生去追求。

3.详细的计划

计划是实现目标的第一步，当然，计划越科学，后面的行动就越轻松。当然，计划需要我们系统思考的能力，需要对整件事情进行全盘思考，乃至于每个细节、每个流程、每个意外都需要考虑进去，并提前做好详细而周全的对策。

智慧启示

有人曾这样说，一个人无论他现在的年龄有多大，其真正的人生之旅，是从设定目标那一天开始的，之前的日子，只不过是在绕圈子而已。要想获得成功，我们就必须拥有一个清晰而明确的目标，目标是催人奋进的动力。如果你缺失了目标，即使每天你不停地奔波劳碌，却还是无法获得成功，而成功者之所以能轻松地走到成功，那是因为他们的目标明确，眼光长远。

时间管理：永远比别人快半拍

我每天90%以上的时间不是用来想今天的事情，而是想明年、五年、十年后的事情。

——李嘉诚

时间观念的改变，会使一个人的生活更丰富、更充实，在管理时间、利用时间的过程中，你的做事效率必定也会有一个很大的提升。时间对于每一个人来说，都是无法挽留的，它就像东逝之水，一去不复返。必须学会有效地安排时间，有效地利用时间，更为重要的是优化自己的时间观念，提升自己的做事效率。

高效率意味着高投入，没有投入就没有产出，低投入只能带来低产出。对大脑的投资是一种决定命运的投资，只能以最大最优先的投入对待。对大脑的投资也是一种产生最大效率和最大收益的投资，永远不会亏本。明白了这个道理，你才能拥有正确的时间观念，才会有获得财富和社会地位的能力。你才能获得比别人更高的效率，才能跑在赛道的最前面。

李嘉诚有一个习惯，他的手表总是比正常时间快8分钟。这样做的目的是为了提前做好准备。

李嘉诚14岁时，在香港一家茶楼当跑堂伙计，当时老板要求伙计们每天必须清晨五点赶到茶楼。为了不被老板批评，李嘉诚每天总是把闹钟拨快8分钟，每天总是第一个赶到茶楼。经过多年的辛苦奋斗，他终于成为香港首富，不过他的手表依然比别人快8分钟。如今，李嘉诚已80岁高龄，仍然保持比别人快8分钟的习惯，因为勤奋的行动、善于管理时间，所以他才比别人得到更多。

尽管李嘉诚每天比别人提前到，但他总是比别人休息得更晚。每天早上，他一定是在5点59分之前起床，之后听新闻，打一个半小时的高尔夫。当其他员工来到公司时，他已经完成了一系列运动。晚上不管多晚，他都会坚持将工作做完，绝不把工作带回家。

机会总是留给那些有准备的人，李嘉诚就是这样永远比别人快半拍，然后创造了一个又一个的商界神话。他拥有强烈的时间观念，总是将自己的表拨快8分钟实际上就是让“错误的时间”告诉自己一个正确的信息：抓紧时间，准备迎接下一个挑战。

诺斯古德·帕金森是英国著名的历史学家，他在分析了为何“大型组织大而无当，毫无生气”时，指出：“事情增加是为了填满完成工作所剩的多余时间。”这个定律告诉我们，工作效率低，是因为我们给了这个工作太多的时间。

帕金森描述了一位老太太花了一整天时间，寄一张明信片给她侄女的过程：花一个小时找那张明信片；花一个小时找眼镜；花半个小时查地址；花一个半小时写明信片；用20分钟考虑寄信时要不要带伞。就这样，一个人只需花3分钟就能干完的事情，却让另一个人花了一整天时间才干完，并且犹豫不决，疲惫不堪。

帕金森得出结论：“做一份工作所需要的资源，与工作本身并没有太大的关系，一件事情膨胀出来的重要性和复杂性，与完成这件事花的时间成正比。换句话说，给自己很多时间做一件事，不一定能提高工作的效率。时间多反而越容易使人懒散，缺乏动力，效率低。一个学生平均成绩一直较低，家长只好让他修学分最低的功课。儿童心理学家却建议这个学生多修一些课。结果出乎大家意料，这个学生多修课后，所有功课成绩不降反升。事实上，这个学生要做的就是打起精神，提高学习效率。”

我们常说，观念决定思路，思路决定出路。对待一件事情，一堆事情，一天的事情，甚至是更为长远的规划，你能做到像帕金森那样对利用时间、提高效率有如此清晰的认识，你投资大脑的工作就取得了卓越的成效，你将取得可喜的转变。

李嘉诚告诫年轻人，有什么样的思想观念，就有什么样的工作效果。只有不断地更新观念，不断分析自己、认识自己、提高自己，你才能改变不执行和浪费时间的不良习惯，提高整个企业的运转效率，自动自觉地做好本职工作。

在这个世界上，做同一种工作的人不计其数，做同一种工作的方法更是数不胜数，其中不乏效率高的方法。这就需要自己去寻找、去借鉴。在这个追求高效率的社会里，抓不住效率的绳索，就会被高效率的机器甩出十万八千里。没有效率就意味着死亡，不投资大脑也就意味着没有效率。

1.把工作分类

工作大致可以分两类：一种是不需要思考，直接按照熟悉的流程做下去；一种是必须集中精力，一气呵成。对于这两类工作，所采用的方式也是不同的。对于前者，你可以按照计划在任何情况下有序地进行；而对于后者，必须谨慎地安排时间，在集中而不被干扰的情况下进行。

2.定时完成日常工作

每天都需要做一些日常工作，比如打扫卫生，保持一个良好的工作环境；查看电子邮件，与同事或上司交流；浏览网页等。那么，每天预定好时间集中处理这些事情，通常安排在上午或下午开始工作的时候，而在其他时候就不要做这些事情了。

3.及时寻求帮助

对于熟悉的工作和操作，需要加快速度，保质保量完成。对于自己不太熟悉的技能和工作，及时向同事或上级寻求帮助，以加快工作进程。

4.提高执行力

提高做事效率，其中重要的一项是提高执行力。要提高执行力就要做到加强学习，更新观念。日常工作中，我们在执行某项任务时，总会遇到一些问题。而对待问题有两种选择。一种是不怕问题，想方设法解决问题，千方百计消灭问题，结果是圆满完成任务；一种是面对问题，一筹莫展，不思进取，结果是问题依然存在，任务也不会完成。反思对待问题的两种选择和两种结果，我们会不由自主地问到，同是一项工作，为什么有的人能够做得很好，有的人却做不到呢？关键是思想观念和对待时间的态度有所不同。

智慧启示

投资大脑，为未来准备知识，知识和经验能使你在新的形势中迅速找出规律，你找出的规律越多，你的效率提升越快，你在各种情况下作出抉择、采取行动的速度就越快，你的时间也就节省的越多，这样就会使你迅速走入成功者的行列。

行动管理：知行合一

每一个富翁的造就是当别人不明白他在做什么的时候，他明白他在做什么，当别人不理解他在做什么的时候，他理解他在做什么，当别人明白了，他富有了，当别人理解了，他成功了！

——李嘉诚

李嘉诚认为，行动才是最好的开始。不管我们有多么好的想法或者眼光，没有行动，一切都是虚无的。在付诸行动之前，我们会顾虑很多事情，有时候是懒惰，有时候是害怕，害怕失败，害怕挫折。那么，让自己立即行动的办法就是不断告诉自己——没什么大不了，大不了失败了重来。

科学家卡莱尔曾经说过："要迎着晨光实干，不要面对着晚霞幻想。"这句话形象而准确地告诉我们：人不能沉迷于美好和远大的理想之中，还应该付出比别人更多的努力。当我们发现一个良机的时候，就要敢于付诸行动，而不是犹豫不决。确实，在这个世界上，许多伟大的成功者都属于那些敢想、敢做、敢失败的人，而那些所谓智力高超、才华横溢的人却始终犹犹豫豫、瞻前顾后，不知道付出行动而最终一无所获。人们常说"高风险意味着高回报”，只有那些敢于冒险的人，才会赢得人生的辉煌。当然，那些面临风险依然可以果断做出决定的人肯定胆识过人，他们不仅拥有过人的胆识，而且始终将行动放在第一位，敢想敢做，逆流而上，结果往往获得了出人意料的成功。

有一天，一位园艺师傅向井植岁男说：“社长先生，您的事业如日中天，而我却像一只蚂蚁一样在地上爬来爬去，根本没有出息。什么时候我才能赚到钱呢，才能像您一样成功呢？”井植岁男说：“这样吧，我看你比较精通园艺，在我工厂边有几万平方米的空地，咱们合伙种树苗吧。那么，你告诉我，一棵树苗多少钱？”园艺师傅回答说：“40元。”

井植岁男说：“那么以一平方米地种两棵树苗计算，扣除道路，如果是两万平方米就能够种植2.5万棵树苗，树苗成本是100万元，你算算，3年后，一棵树苗能卖多少钱？”园艺师傅回答说：“大约3000元。”井植岁男说：“这样，那100万元的树苗成本与肥料由我来支付，你就负责浇水、除草和施肥，3年后，我们就有600万元的利润，到那个时候，我们每个人从中就能取得一半。”那位园艺师傅听了吓了一跳，拒绝说：“哇！我不敢做那么大的生意，我看还是算了吧。”

一句“算了吧”让园艺师傅错失了一个成功的机会，或许，我们每天都在梦想着成功，然而，当自己有了好的想法，即将投入实践的时候，却没有勇气去尝试，在心中有的只是对失败的顾虑，导致最后失去了成功的机会。巴菲特的投资事业告诉我们：成功是离不开行动力和勇气的，相比较智慧，我们更需要果断尝试。

李嘉诚励志演讲——打工是最愚蠢的投资：

有句话是：“可怜之人必有可恨之处！”这一生中不是没有机遇，而是没有争取与把握机遇。借口太多，理由太多……争取之人必竭力争取、一分钱都没有也千方百计想办法。不争取之人给一百万也动不起来、发不了财、还有可能一败涂地。这就是行动力的欠缺！喜欢犹豫不决、喜欢拖延、喜欢半途而废、最后一辈子平庸、碌碌无为。还有的人、做事三分钟热度，一开始热情高涨等会就继续懒散，这种人成功的帽子也不会戴在你的头上。

在职场中，许多人想改变自己的处境，想比现在做得更好，甚至梦想着做一番事业，但是他们往往是有了想法却总是瞻前顾后，犹豫不决，以至于许多好的想法、计划都死于腹中，最后依然一事无成，在职位上平平庸庸地度过了一生。同样是一些敢想的人，他们没有犹豫，而是马上将自己的想法付诸于实践，最后他们成功了。出现这样截然相反的情况是什么原因呢？因为前者缺少行动力，他们只愿意想，而不敢去做，因此成功的机会总是与他们擦肩而过。

1.有计划更要付诸行动

孔子说："君子耻其言而过其行。"意思是说，君子认为说得多而做得少是可耻的。在现实生活中，总是有这样一些夸夸其谈的人，他们口若悬河，说尽了大话，到最后一件事情都没有完成，给上司和同事留下"浮夸"的印象。一个人如果想要去做一件事，无论计划多么完美，倘若没有付诸实际行动，就不能体现出它的价值来

2.不要想太多

人们常常会陷入这样的境地：想得多，做得少。事实上，当我们大脑中有了灵感就应该付诸于实践，现在就去，马上就去，"现在"这一词语可以推进成功，可是，"明天""以后""某一天"就代表着"永远也做不到"。

3.任何事情做了再说

大多数聪明的人，他们遇事冷静，他们不想让自己的智慧被淹没在平淡的日子里。因此，一旦他们脑中有了好的想法，总是敢于去实现它，无论最后的结果是成功还是失败，他们总是先做了再说。

如果现在你的脑中有一些好的计划，那么就应该对自己说"我现在就去做，马上开始"，而不是说"我总有一天会去把它完成的"。

智慧启示

在现实生活中，有许多人渴望成功，但却从未想过自己应该下怎么样的决心才能达到成功。那些坐在办公室里无所事事的职员，永远都是等待机会自动来到自己眼前，自己毫不费力。在他们身上，缺少强大的决心，缺乏行动力，只会在等待中碌碌无为地过一生。

健康管理：身体是革命的本钱

健康好似堤坝，不要快崩堤了才补救。

——李嘉诚

李嘉诚很重视健康，在他看来，健康是人生最重要的财富，有健康才会有事业。人们常说有健康才有将来。健康，赋予生命无穷活力。时至今日，李嘉诚年过八旬依然精神矍铄，思维敏捷，其秘诀就在于注重健康管理。

李嘉诚的健康作息：每天早上6时起床，做一个半小时的运动，包括打高尔夫球、游泳或跑步，并且一直坚持，从未间断；节制饮食，不吸烟、不饮酒，一切以清淡为主，少吃肉，平时喜欢吃青菜米饭，就是吃鱼也只吃一点鱼；喜欢闭目静养，越是繁忙的时候，越是闭目养神，这种静养与早晨的动养相结合，铸就了他健康的秘诀。

年轻人努力工作的态度本无可厚非，而且值得称赞，但在繁忙工作之余，却忽视自身的健康，这会给自己的将来埋下巨大的隐患。身体就像是一部机器，越用越灵活，越健康。长期不从事体育锻炼，不仅体形存在发福的危险，而且身体内在质量会如决口的河堤一样越来越糟糕。

从前，有一个贫穷的年轻人，他没有考虑如何改变自己现有的生活，而是经常抱怨自己的时运不济，没有机会发财，使得自己终日受穷，他为此终日愁眉不展，并且常常叹息：“如果我能够拥有一大笔财富，那该多好啊！”

有一天，年轻人又在唉声叹气，这时过来一个须发皆白的老人，他见年轻人不高兴，便问道；“年轻人，你有什么事情吗？怎么不高兴呢？”

“老天对我不公平，别人都能有很多钱，生活富足快乐，可我却始终那么贫穷。”年轻人将心中的想法讲了出来。

“你很穷？”老人感到很惊奇，有些不相信年轻人的话，但又由衷地说：“我看你很富有嘛！”

“我没有钱、没有工作、没有穿的和用的，这怎么能叫富有呢？”年轻人问道。

老人没有从正面回答，而是反问道："年轻人，我用1000元买你的手指头，你同意吗？"

"那可不行！没有手指头，我就没办法拿东西了！"

"那我给你10000元，买你的一只手，你同意吗？"老人又问。

"不行，我不想当残疾人！"年轻人再次拒绝了。

"我给你100万元，买你的青春，让你马上变成80岁的老人，你同意吗？"老人继续问道。

"不行，我怎么能出卖自己的青春哪！"年轻人回答。

"那我给你1000万元，让你马上死掉，可以吗？"

"不可以，那怎么能行呢？那样的话，我还要钱做什么？"年轻人蹦了起来。

听了年轻人的回答，老人笑呵呵地问道："既然你已经有了超过1000万元的财富，为什么还要哀叹自己穷呢？"

老人的话让年轻人恍然大悟：对呀！我已经这么有钱了，还有什么可叹息的呢！

看看自己的工作和生活，你是不是在拼命地过程中，也在以身体为代价，而换取看似更多的金钱呢？试想，没有了健康，你还能拥有什么？健康不以财富地位的不同而有所变化，不管你有多大的成就，有多少财富，如果你没有遵循健康规律，健康就会离你而去。

年轻的时候用命换钱，等到老了的时候再用钱换命。有的年轻人，创业者只知道工作，并不注意休息，更别提健康投资了。直到某天因生病致使自己曾苦心经常的企业，失去很多赚钱的商机时，才意识到健康管理的重要性。

王强是一个头脑聪明、敢于吃苦的人，在社会上打拼了几年之后，他自己创业，很快就拥有了自己的公司，并且很快就发展壮大起来，身为公司董事长的他成为了亿万富翁，资产达到两亿元，而且他的年龄还未到40岁。正当他家庭事业一帆风顺的时候，却因病住进了医院。

原来，在他创业的时候，他曾经没日没夜地工作，这种对自己身体的极度透支，埋下了健康的隐患。经过专家会诊，他必须动大手术，但是手术效果如何？院方也不敢保证。他们所敢保证的是，如果不做手术，他只有半年的时间可活。当这位病人声称愿意用自己所有的财富来换取健康的时候，已经晚了，因为健康是无价的，也是任何东西都无法换取的！

其实，身体的健康程度影响着你的工作质量。长期处于亚健康状态的人，精神状态越来越差，每天都处于疲乏的状态，昏昏沉沉，本来一个小时就能解决的事情，最后拖了三个小时仍不见结果，最后只得搭进更多的时间，加班、熬夜，第二天更没有精神。这样的恶性循环不仅仅让你的工作焦头烂额，而且也在透支着你的身体健康。

身体健康会给你的事业这项大工程添砖加瓦，同时心理健康也是不容忽视的一个问题。两种健康就像是一对好兄弟，一损俱损，一荣俱荣。毛泽东在中学时代就坚持洗冷水澡，爬山涉水更是不在话下，这铸就了他强健的体魄。

同时，他更注重读书，以此来陶冶自己的情操，修正自己的品性。这为他在今后漫长的革命岁月中能始终保持高昂的斗志和必胜的信心打下了坚实的基础。

智慧启示

健康是自然给予我们最公平、最珍贵的礼物，良好的健康状况和随之而来的愉快情绪是保证人生幸福的最好保障。失去了健康，你所拥有的一切都不过是水中月、镜中花，终会随风而逝。

自省管理：成功在于战胜自我

所有的胜利，与征服自己的胜利比起来，都是微不足道的。

——李嘉诚

1996年，李嘉诚的长子曾被张子强绑架，当对方一个人闯入李家，开口就索要巨额赎金时，李嘉诚当场同意。他的镇静令张子强赶到很意外，便问他：“你为何这么冷静？”李嘉诚回答说：“因为这次是我错了，我们在香港知名度这么高，但是我竟然一点安保措施都没有，我要仔细检讨一下。”

孔子曰：“见贤思齐焉，见不贤而内自省也。”自省，其实就是通过自我意识来省察自己言行的过程，日省其身，有则改之，无则加勉。自省是自我意识能动性的表现，自然是一种行之有效的德行修养的方法。

夏朝时，有一个背叛的诸侯有扈氏率兵入侵，夏禹派他的儿子伯启抵抗，结果伯启打败了。他的部下很不服气，要求继续进攻，但是伯启说：“不必了，我的兵比他多，地也比他大，却被他打败了，这一定是我的德行不如他，带兵方法不如他的缘故。从今天起，我一定要努力改正过来才是。”

从此以后，伯启每天很早便起床工作，粗茶淡饭，照顾百姓，任用有才干的人，尊敬有品德的人。过了一年，有扈氏知道了，不但不敢再来侵犯，反而自动投降了。

遇到失败或挫折，假如能像伯启这样，肯虚心地检讨自己，马上改正有缺失的地方，那么最后的成功，一定是属于你的。一个人只有保持自省的习惯，才能了解自己，对自己进行正确的认识和评价，也只有这样，才能扬长避短，让自己的人生道路更宽阔。

自省是审视、反省自己，王阳明在静坐时通常会慎独：第一是分析，我有什么私欲；第二是目标，我要通过什么手段克制这些私欲；第三是信心，我要坚信自己能克制这些私欲；第四是毅力，必须具备强大的意志力，一日不成就两日，两日不成就三日，不能半途而废；第五是心态，在克制私欲的过程中保持良好的心态，不能为克而克，更不能克制私欲的目的，一旦有这种心态，就会产生新的私欲；第六是学习，学习知识通过各种手段致良知，以良知的力量来帮助自己完成自我管理；第七是检验，当自己确定克制私欲之后，要去实践中检验；第八是反思，我为何会有这种私欲，这一私欲产生的基础是什么。只有这样一一反省到位，才不会再犯同一错误。

司马光是个贪玩贪睡的孩子，为此他没少受先生的责罚和同伴的嘲笑，在先生的谆谆教诲下，他决心改掉贪睡的坏毛病，为了早早起床，他睡觉前喝了满满一肚子水，结果早上没有被憋醒，却尿了床，于是聪明的司马光用圆木头作了一个警枕，早上一翻身，圆木警枕滑落在床板上，自然惊醒。

从此他天天早早地起床读书，坚持不懈，终于成为一个学识渊博，写出了《资治通鉴》的大文豪。

能够时刻审视自己的人，一般很少犯错，因为他们会时时考虑：我到底有多少力量？我能干多少事？我该干什么？我的缺点在哪里？为什么失败了或成功了？保持自省的习惯，总能轻而易举地找出自己的优点和缺点，为以后的行动打下基础。

有一天，有一个年轻人正在打电话：“是王公馆吗？我是打电话来应征园丁的，我有很丰富的经验，相信一定可以胜任。”电话接线生说；“先生，恐怕你弄错了，我家主人对现在聘用的园丁非常满意，主人说园丁是一位尽责、勤奋的人，所以我们这儿并没有园丁的空缺。”

年轻人听罢，便有礼貌地说；“对不起，可能是我弄错了。”接着便挂了电话。小店的老板听了这年轻人的话，便说；“年轻人，你想找园丁工作吗？我的亲戚正要请人，你有兴趣吗？”年轻人说；“多谢你的好意，其实我就是王公馆的园丁。我刚才打的电话，是用来自我检查，确定自己的表现是否合乎主人的标准而已。”

人只有不断自我反省，才能使自己不断进步。生活中，确实有很多人抱怨：“我每天都在努力工作，我甚至一刻都没有停下来过，但为什么如此努力却无法成功呢？”大多数的成功是内因起的作用，而失败有时因缺点而引起的，一个人必须懂得不断自我反省和自我总结，改正缺点才能不断完善自己。也只有通过自省，时刻检讨自己，才能走出失败的阴影，从而走向成功的彼岸。

智慧启示

“自省”不等于自我批判，它包括自我肯定。逆境时要自省，顺境时更要自省，在自省中总结过去，畅想未来。在自省时承认错误与过失，改正过错之后，你仍可以坦然地继续向前迈进。

第06章

心态策略——荣辱不惊知天命

李嘉诚认为，做生意投入的本钱越大，将来获得的利润也就越多。那么，对于人生，拥有什么样的心态就会产生什么样的生活现实，这是毋庸置疑的。生活中，一个好的心态，可以使你乐观豁达，可以令你战胜苦难，过上真正快乐的生活。

把工作当事业，全情投入

对自己的分内工作，我绝对全情投入，从不把它视为赚钱糊口的手段，向老板交差了事，而是当作自己的事业。

——李嘉诚

人们在各行各业里谋生存，每个人都有自己的工作职责及标准，比如军人的职责是保家卫国，老师的职责是教诲子弟，因为每个人所处的具体位置不一样，所以他们的工作职责也是有所差异。事实上，即便处于不同的工作职位，但领导对其希望无一例外都是——把工作做到位。

海尔集团总裁张瑞敏曾说："假如让一个日本人每天擦六遍桌子，他一定会始终如一地做下去；而如果是一个中国人，一开始他会按要求擦六遍，慢慢地就会觉得五遍、四遍也可以，最后索性不擦了。"日常工作中，大部分人做事的缺点就是工作不仔细、做得不到位，每天工作马虎一点，那时间长了就会成为"老油条"了。

李嘉诚曾经在五金厂推销铁桶，有一次，他和同事都想把一家正准备开张的旅馆发展成客户。不过，同事抢先一步找到旅馆老板，结果无功而返，当时那位老板有意与另外一家五金厂交易。李嘉诚却迎难而上，决定尝试一下，他先不急着去见老板，而是与旅馆的一位职员交朋友，在交际中获知：老板很疼爱自己的孩子，不过却实在没时间陪儿子去看赛马而感到内疚。得知这样的情况，李嘉诚当即自掏腰包带老板的儿子去看赛马。

当老板知道这件事的时候，十分感动，随后爽快地同意从李嘉诚手中买下380个铁桶。于是，李嘉诚只花了一年的时间，业绩便在同事中遥遥领先，成为全厂营业额最高的销售员。

因为全情投入，李嘉诚赢得了老板的赏识，18岁便被提升为部门经理，并在一年之后，当上了销售公司总经理。

如果一次性把事情做到位，那在后面的工作中就可以省去许多不必要的麻烦，这样工作也将更加有效率。许多工作多年的人都有这样的经历：常常为了早点结束工作，迅速地将事情做完，并没有过多地考虑细节问题，最后不得不重新再做一遍。如此一来，有时候我们浪费的并非只是别人的时间，还有自己的时间，而原因在于没有将工作做到位。

工作无法做到位不但会给自己带来麻烦，还会给别人带来麻烦，甚至有可能给领导带来麻烦。对于公司安排的工作，如果你没去做，那领导就会去做；如果你事情没做到位，那领导就会帮你收拾烂摊子。当工作没做到位，就会花时间去补充、修正，这样一来，不但浪费自己的时间，还会占用别人的工作时间，所以最好尽力把工作一次性做到位。

张三和李四同时受雇于一家店铺，拿同样的薪水。一段时间后，张三青云直上，李四却原地踏步。李四想不通，老板为何厚此薄彼？

老板于是说："李四，你现在到集市上去一下，看看今天早上有卖土豆的吗？"一会儿，李四回来汇报："只有一个农民拉了一车土豆在卖。"

"有多少？"老板又问。

李四没有问过，于是赶紧又跑到集上，然后回来告诉老板："一共40袋土豆。"

"价格呢？"

"您没有叫我打听价格。"李四委屈地申明。

老板又把张三叫来：“张三，你现在到集市上去一下，看看今天早上有卖土豆的吗？”

张三也很快就从集市上回来了，他一口气向老板汇报说：“今天集市上只有一个农民在卖土豆，一共40袋，价格是两毛五分钱一斤。我看了一下，这些土豆的质量不错，价格也便宜，于是顺便带回来一个让您看看。”

张三边说边从提包里拿出土豆，“我想这么便宜的土豆一定可以赚钱，根据我们以往的销量，40袋土豆在一个星期左右就可以全部卖掉。而且，咱们全部买下还可以再适当优惠。所以，我把那个农民也带来了，他现在正在外面等您回话呢……”

工作做到位，不仅仅在于你要按照领导的吩咐去做事，还在于你要积极主动地寻求做事的诀窍。如果领导只吩咐你询问价格，那你就真的只做这件事，而不顺带将其他情况一并问清楚，等到领导追问事情的进展，你只会哑口无言。

大部分的员工所做的工作程度只能称之为“差不多”，按时上班，却不及时完成工作；每天早出晚归，但工作却不见成效。对他们而言，工作差不多就行了，并不需要精益求精。

1.工作积极主动

一些员工在工作时怀着这样的心态：当一天和尚撞一天钟。在他们看来，反正是混日子，工作嘛敷衍一下就可以，这样自己还有工资可拿。事实上，这样的态度是极其消极的，工作不认真会成为职场之路的最大绊脚石，同时因为长时间养成工作不认真的习惯，这样的习惯往往会给生活也带来很不利的影响。

2.不要凡事都差不多

一些人自己做事总是差不多就行了，而且他们还看不惯认真工作的同事。当同事正在努力思考问题解决方法的时候，他却泼冷水：“差不多就行了，何必那么认真呢？”其实，人生就最怕认真二字，只要认真了，事情就往往成了。

智慧启示

许多安于现状的员工，当他们工作做到99%的时候，就开始沾沾自喜。其实，在职场，领导从来都是拿着显微镜来审视你的工作能力，并实行一票否决制。即便你生产了一百件产品，有一件不合格，那领导就会说“你的产品质量不过关”，而不会说“你的产品有一件不过关，另外99件都是合格的”。

心定身安，知足常乐

重要的是内心的安静，表面看来很忙，但内心其实没有波动，因为自知做着什么工作。我知足，但不表示我没有上进心。

——李嘉诚

李嘉诚曾说：“我内心已有非常好的保障，若一个人不知足，即使拥有很多财产也不会感到安心。举例来讲，如果看到比尔·盖茨的财富和你自己的距离那么大，那么你永远不会快乐。”事实上，28岁的李嘉诚已经知道自己此生可以跟贫穷说再见，接下来只是乐于工作而工作，而这一做就是50年。

这就是人们常说的庸人自扰，本来生活中并没有那么多的烦恼，但就是因为心中的忧虑，凭空多出了许多的烦恼，使自己终日沉浸在焦虑之中，每天过得心惊胆战。其实，有时候，需要我们看开一些，把任何人任何事情都不要想得那么糟糕，留一份快乐在心中，那样就会赢得整个人生。那些快乐的人，他们口袋里装满了祝福；而那些疲惫的人，他们口袋里装满了忧虑。一路上他们同行着，快乐的人会把那些不必在意的负担丢掉，而疲惫的人却选择了丢掉祝福，所以快乐的人的行囊越来越轻松，而疲惫的人会感觉越来越累。生活中的我们都要甘愿做快乐的人，千万别庸人自扰。

画家张大千先生长有很长的胡须，平时说话的时候，用手捋着自己的胡须，样子十分和蔼可亲。有一次，一位朋友问他晚上睡觉胡须怎么放，结果那天晚上，他为了合适地安放自己的胡须彻夜未眠，不知道该把自己的胡须放在哪里才好。那些平常都不会担心的事情，怎么一在意就出问题了。在生活中，不止是张大千会有这样的烦恼，每一个普通人都会这样想。人的天性里都比较敏感，因为有思想，所以就能思考，但想得太多，同时也把那些简单的事情复杂化了，从而给自己带来一些不必要的心理压力。桌面上有一张白纸，上面有一个小黑点，如果就这样看，黑点根本没有影响到白纸的干净，但假设你戴上了放大镜，那白纸就显得很脏了。但值得讽刺的是，在实际生活中，绝大多数人会拿着放大镜。所以，凡事看开一点，不要庸人自扰。

那些自己让自己担忧的人只能被称之为庸人。他们既不是强者，也不是智者，也许有人会问，难道那些所谓的强者或智者就没有麻烦吗？当然不是，强者或智者一样也有烦恼，有时候也会做庸人自扰的事情，但是，他们与庸人的区别在于：强者或智者会尽量化解那些烦恼，不让它们困扰自己；而庸人则只会沉浸在自扰的旋涡中，不断地沉沦下去。不要做一个庸人，要让自己成为生活的强者，成为人生中的智者。

庸人为什么会自扰呢？其实，理解起来很简单。他们在某些时候，把现实中的问题看得很大，而把自己看得很小，以为自己遇到了难以解决的问题，所以陷入了自扰。这无疑是自寻烦恼，即便是遇到了一点鸡毛蒜皮的小事，往往也会担心得无所适从，不知道怎么办才好。

1.心不动

心不动，即使有三千烦恼事，心情也要恬静自如。有的人有点杞人忧天，遇到一点点小事就开始胡思乱想，最终，被那些想象中的事情吓坏了。

2.心小事大，心大事就小

每个人每天都会碰到一些烦恼的事情，这是很正常的，关键是看你如何去对待，假如你以平常心对待，那小事就是小事；如果你放大了小事，那就变成大事了。

智慧启示

当你太过在意某一件事情，反而会做不好。反之，你用平常心来对待这些事情，你就会发现它们不过是微不足道的小事。所以，无论你遭遇了什么，都要积极主动去面对，应该怀着信心，努力把事情做好，不要对没有发生的事情而担忧。

吃得苦中苦，方为人上人

我17岁就开始做批发的推销员，就更加体会到挣钱的不容易和生活的艰辛了。人家做8个小时，我就做16个小时。

——李嘉诚

许多年轻人觉得自己很平凡，能力很有限，先天条件的欠缺导致他们对自己丧失了信心，在他们看来，不管自己如何努力，最终都只会成为一个平庸的人。既然抱着这样的想法，他们就不想去努力，浑浑噩噩地生活着，甚至有的人选择了自甘堕落地生活。然而，年轻人浑然忘记了成功的路从来不是一帆风顺的，许多人也曾迷茫过，也曾不知道未来究竟在哪里。但是，李嘉诚却以自己成功的经历告诉我们：相信梦想，梦想自然会回馈于你，努力比任何东西都来得真实，用坚韧换机遇，用时间换天分，哪怕走得很慢，但终会抵达梦想的彼岸。

父亲去世之后，李嘉诚不得不挑起养家的担子。在那个兵荒马乱的年代，找份工作确实不容易。多次碰壁之后，李嘉诚总算在一家茶楼找到了一份堂倌的工作。但是，这份工作对于年仅14岁的李嘉诚确实不容易，他每天凌晨五点就必须赶到茶楼准备一天的工作。由于他是茶楼里地位最低的堂倌，当其他伙计可以休息的时候，他还要待在茶楼随时听人差遣。而晚上等到下班休息，往往已经是后半夜了。

尽管辛苦，但李嘉诚却特别珍惜这份工作，他勤快机灵，很快得到了老板的青睐，成为加薪最快的堂倌。不过，在茶楼工作的他并不满足于现在的处境，他希望能学到更多的东西，以备未来所用。所以，在勤奋工作的同时，他也勤于动脑。在为客人服务的时候，他可以根据茶客的特点，了解对方的年龄、籍贯、职业、财富、性格，并找机会进行验证。不然就是揣摩顾客的消费心理，并训练出察言观色、见机行事的本事。

所以，尽管在外人看来这是一段艰辛的日子，但成年后的李嘉诚回忆起来，却别有一番成长的乐趣。

我们都听过龟兔赛跑的故事，兔子机灵，跑得快，它以为自己胜券在握，所以它安心地睡起了大觉。谁知道看起来慢吞吞的乌龟，却以自己百倍的努力以及坚持不懈的精神最先达到了终点。谁能笑到最后，还真是不一定。

有一个孩子想不明白自己的同桌为什么每次都能考第一，而自己每次却只能排在他的后面。

回家后他问道："妈妈，我是不是比别人笨？我觉得我和他一样听老师的话，一样认真地做作业，可是，为什么我总比他落后？"妈妈听了儿子的话，感觉到儿子开始有自尊心了，而这种自尊心正在被学校的排名伤害着。她望着儿子，没有回答，因为她不知道该怎么样回答。又一次考试后，孩子考了第20名，而他的同桌还是第一名。回家后，儿子又问了同样的问题。她真想说，人的智力确实有高低之分，考第一的人，脑子就是比一般人的灵。然而这样的回答，难道是孩子真想知道的答案吗？她庆幸自己没说出口。

应该怎样回答儿子的问题呢？有几次，她真想重复那几句被上万个父母重复了上万次的话——你太贪玩了；你在学习上还不够勤奋；和别人比起来还不够努力……以此来搪塞儿子。然而，像她儿子这样脑袋不够聪明、在班上成绩不甚突出的孩子，平时活得还不够幸苦吗？所以她没有那么做，因为她想为儿子的问题找到一个完美的答案。

儿子小学毕业了，虽然他比过去更加刻苦，但依然没赶上他的同桌，不过与过去相比，他的成绩一直在提高。为了对儿子的进步表示赞赏，她带他去看了一次大海。就是在这次旅行中这位母亲回答了儿子的问题。

母亲和儿子坐在沙滩上，她指着海面对儿子说："你看那些在海边争食的鸟儿，当海浪打来的时候，小灰雀总能迅速地飞起，他们拍打两三下翅膀就升入了天空；而海鸥总显得非常笨拙，它们从沙滩飞向天空总要很长时间，然而，真正能飞跃横过大洋的还是它们。"

"海鸥总显得非常笨拙，它们从沙滩飞向天空总要很长时间，然而，真正能飞跃横过大洋的还是它们。"平凡又怎样，不起眼又怎样，只要你努力，一样可以飞过大洋。当我们在讨论这个问题的时候，年轻人应该反思的是自己是否努力过，如果你连努力都不曾有，又何必抱怨这个社会太现实呢？

大学毕业后，威廉的求职"战役"正式打响了，他向大部分知名企业投递了大概20多份简历。那真是一段不堪回首的岁月，他天天跑招聘会，但自己的努力却看不见任何回应，那些投递出去的简历石沉大海杳无音讯。好不容易有一家公司通知面试，但最终他面试没通过。

威廉在笔试上失意过，在群面时因插不上话而被刷掉，和许多求职的年轻人一样，他曾经历过低谷期，但他始终努力着。遇见糟糕的事情时，他坚信一切都会慢慢好起来；情绪太过低落时，他知道应该如何来梳理情绪；了解了自己的缺点之后，他知道了什么工作才是最适合自己的。在每一次求职失败后，威廉都会反思自己的缺陷和不足，总结失败的经验，他从来没有放弃过努力。

威廉说："天赋决定了一个人的上限，努力则决定了一个人的下限。"许多年轻人根本没有努力到可以拼搏天赋，就已经放弃了，威廉深知自己没有一步登天的天赋，所以只能用努力的时间来换取天分。

当然，最后威廉如愿找到了一份好工作，但这与他平时的努力是分不开的。

成功恰巧就是运气撞到了努力而已，努力永远不会有错，即便现在无法感受到努力的回报，但未来的一天你总会能感受到。选择自己喜欢的事情，然后努力坚持不下去，相信梦想，更要相信努力。

1.拥有坚持到底的决心

当年轻人在追逐梦想的时候，这个世界总会制造许多挫折与困难来阻挡你，残酷的现实会捆住你的手脚，但其实这些都不重要，重要的是你是否有努力到底的决心。

2.用努力换天分

平庸并不可怕，可怕的是永远平庸。既然上帝没有给予天赋，那我们就用后天的努力来弥补。越努力越幸运，如果你觉得自己平凡，那就用努力换天分。当然，在这个过程中，我们要始终相信努力奋斗的意义，让未来的你，感谢现在拼命努力的自己。

智慧启示

坚持不懈可以让你在失去动力的时候帮助你继续你的梦想，坚持不懈最终会产生强大的动力。仅需保持你的努力，你最终就会得到回报。

天道酬勤，有耕耘就有收获

在今天竞争激烈的世界中，你付出多一点，便可赢得多一点。似乎像奥运会一样，假如跑短赛，虽然跑第一的那个运动员赢了，但他比第二第三的只胜出少许。

——李嘉诚

一个人的成功跟他是否勤勉是有重要关系的。如果一个人是勤奋的，那么他就拥有了成功的机会；如果一个人是懒惰的，那么他就一定不会成功。勤勉和成功是互相制约的，经常会有很多人因为自己的勤勉而成功，但却很少有人因为懒惰而成功。虽然你的勤劳并不一定会给你带来成功，但是无论如何，每个人都要辛勤工作，因为这是迈向成功的最基本的条件。

80多岁高龄的李嘉诚，从早年创业至今，一直保持着两个习惯：一是睡觉之前，一定要看书。非专业书籍，他会抓重点看，如果跟公司的专业有关，就算再难看，他也会把它看完；二是晚饭之后，一定要看十几至二十分钟的英文电视，不仅要看，还要跟着大声说，因为“怕落伍”。这种勤奋，非一般人能比。

《圣经》中有两句话：“流泪撒种的，必欢呼收割。”“那流着泪出去的，必要欢欢乐乐地带禾捆回来。”远古的时候，犹太人为了生火，就要花很长的时间去摩擦木头或者石头；要吃果实，就要爬到很高的树上去摘。而如果能够成功地生起一堆火，能够成功地摘得果实，那么成功背后一定有辛苦。

哈德良皇帝看见一个老人正在努力工作，他在种植无花果树。于是，他问老人道：“你是否期望自己能够享受果实呢？”

老人回答说：“如果我不能活到吃无花果的时候，我的孩子们也将会吃到。或许上帝会因此特赦我。”

“如果你能够得到上帝的特赦，吃到这棵树的果实，那就请你告诉我。”皇帝对他说。

随着时间的逝去，果树果然在老人的有生之年结出了果实，老人装了满满一篮子无花果去见皇帝。他对皇帝说：“我就是你看见过的那个种无花果树的老人，现在无花果成熟了，这些无花果是我的劳动成果。”

皇帝命他坐在金椅子上，给他的篮子里装满了黄金。可皇帝身边的仆人表示反对：“您想给一个老犹太人那么多荣誉吗？”

皇帝回答说：“造物主给勤劳的人以荣誉，难道我就不能做同样的事吗？”

皇帝说的很对，上帝和人们通常都是把奖赏给那些勤勉的人。因为老人的勤劳，所以他得到了上帝的特赦，在自己的有生之年吃到了无花果。懒惰将会使一个人一事无成，所以他们选择了勤勉，只有勤勉的人才会尝到胜利的果实。《羊皮卷》这样劝告世人：“最难受的工作是无所事事，最愉快的工作是人们忙于工作”。

亨洛克菲勒就是一位对工作异常勤奋的人。一天24个小时中，他的工作时间一般都在十五六个小时，超过了一天的大半时间。而有的时候，他甚至可以一天工作十八九个小时。有人给他计算下来，他的一生中平均每周工作76个小时，只休息很短的时间。经常是别人已经下班了，他还在勤奋地工作。他常常对别人说："如果你什么都不想干，那一天工作8个小时就可以了，可是如果你想干点什么，那么当别人下班的时候，正是你工作的时候。"别人问他："你怎么能一天工作20个小时？"他却说："一天工作20个小时怎么可以，我需要一天工作48个小时。"当人们看到他的时候，他总是在不停地忙于工作。于是凡是认识他的人都说洛克菲勒只有睡觉和吃饭的时候不谈工作，其余时间他都是泡在工作里。这位世界级的大富翁就是这样紧张而勤奋地工作着的，所以他才取得了举世瞩目的成就。

洛克菲勒之所以能够获得成功，就在于他始终如一地保持勤勉的态度。在他的眼里，一天24个小时都已经不够用了，他希望能在一天内工作更长的时间。只有勤勉的人才能够尝到胜利的果实，只有勤勉的人才能够得到命运的眷顾。所以，洛克菲勒用自己的实际行动证明了这样一个道理，如果你是一个做事勤勉的人，那么成功就已经离你不远了。

犹太民族被称为世界上最为努力的民族，也是世界上最勤奋的民族。这种勤奋的精神成就了许多犹太富翁，那些杰出的人物都勤勉地专注于自己的事业，他们都具备顽强忘我的奋斗精神。他们似乎从来就不知道疲倦，都是长期默默地埋头工作，一点都不被外人所知晓。这个世界好像已经忘记了他们。可是有一天，他们却获得了意外的成功。那时候，你再回过头来，你不能不为那些勤劳的人感到骄傲。

1.后天培养的勤奋

大凡卓越的人大多因自己的勤奋，才获得了巨大的成功。他们或许都不是天生的勤奋者，但是他们愿意在后天培养自己的勤勉，并把它当做习惯。韩愈也曾经说："业精于勤荒于嬉，行成于思毁于随"。一个人要想成就一番事业，一定要守住"勤"字，忌掉"惰"字。面对你的生活或者事业，你用什么样的态度来付出，就会得到相应的回报。

2.辛勤换来丰硕的回报

如果你以勤付出，回报你的，也必将是丰厚的硕果。相反，那些懒惰的人，生活是不会赐予他任何东西的。懒惰的人是思想上的巨人，行动上的矮子。如果你懒惰地面对你的人生，那么其实就是把自己的生命一点点送入虚无。一个成功的人，是不会让懒惰有任何机会的。

智慧启示

每个人都要时刻提醒自己："成事在勤，谋事忌惰"。人生苦短，勤勉往往是你取得成功的一个必要条件，而懒惰则会让你的生命陷入慢性自杀，会阻碍你的成功。勤勉或者懒惰很少来自一个人的本性，没有人一生下来就是辛勤的劳动者，也很少有人是天生的懒虫。很多人的勤勉或懒惰其实都是后天养成的，是自己的习惯所形成的。

动心忍性，摆脱逆境

在逆境的时候，要迎难而上，要想方设法，用自己的勤奋、顽强、信誉和学识去摆脱逆境。

——李嘉诚

不管做什么事情，人都必须多多磨炼自己才能受益，如果只是想着停留在安逸舒适的环境之中，不在复杂的环境中去磨炼，那么遇到事情就会慌乱，最终无法成功。有一句名言："请享受无法回避的痛苦，比别人更早更勤奋地努力，才能尝到成功的滋味。"只有忍耐风雨，才会等来彩虹。自古以来的许多卓有成就的人，大多是抱着不屈不挠的精神，忍耐枯燥与痛苦之后，从逆境中奋斗挣扎过来的。在人生的道路上，我们常常会遭受不同的挫折与困难，面对挫折，人们有着不同的理解，有人说挫折是人生道路上的绊脚石，有人却说挫折是垫脚石，所谓"百糖尝尽方谈甜，百盐尝尽才懂咸"。与河流一样，人生也需要经历了洗练才会更美丽，经过了枯燥与痛苦之后，才能收获成功的果实。

22岁那年，无论老板如何赏识和挽留，已经感受到塑胶制品业蒸蒸日上的李嘉诚，执意要另立门户，进入新兴的塑胶行业。他动用自己多年的积蓄，并向亲友筹借5万港元租了一间厂房，创办了长江塑胶厂，毅然走上了创业之路。这样说干就干的行动力，体现了他的独立性和坚定果断。

独立创业后不久，初尝几次成功甜头的李嘉诚，也不可避免地遇到了创业的坎坷。他的塑胶厂一度濒临破产，用了5年时间才慢慢有所好转。但不管如何艰难，李嘉诚拼尽全力，始终没有放弃这份坚持，这正是源自他超强的抗压能力。

咬牙坚持终于为李嘉诚赢得了转机。1957年，精明的李嘉诚亲赴意大利学习塑胶花制造技术，千方百计搜集相关的技术资料。他购置了大量塑胶花样本带回香港，不惜重金聘请专业人才进行研究，同时通过市场调查，确定了进行大规模生产的塑胶花品种。这是李嘉诚成为香港塑胶花大王的开端，从塑胶花中李嘉诚掘到了第一桶金。

人生因充满坎坷的历练才变得多姿多彩。也许我们都不欢迎磨难的到来，但当他与你不期而遇时，请不要掉头或转向。磨难是一个魔鬼，一旦他看上你，就会对你穷追猛打，不舍不弃。选择躲避甚至逃跑的人，只会被他欺负得更加悲惨。

凡成大事者，必须经得起磨难的历练，经得起失败的打击，成功需要风风雨雨的洗礼，一个有追求、有抱负的人，总是视挫折为动力，有一句话说的好：“能受天磨真铁汉，不遭人嫉是庸才。”所以说：磨难对于天才是一块成功的跳板，对强者是一笔宝贵的财富。而对于弱者，就是使之坚强的臂力器。磨难是一所包罗万象的大学。

曾有人说：成功的人生是痛苦与失败的交织，是磨难与顺利的交替。卓越的人生从卓越的目标开始，卓越目标的背后必然是充满荆棘和坎坷的路。经受了荆棘的刺痛和坎坷的摔打，追求成功的意志才会坚强起来，历练是人生不可多得的宝贵财富，拥有了这笔财富，就没有什么困难不能克服，没有什么曲折可以把人击倒。丰富的人生历练是走向成功的奠基石。

拥有18亿元身价的俞敏洪是新东方教育集团的创始人。1980年经过两次高考落榜后，俞敏洪考入北京大学外语系，在北大读书，俞敏洪不会吹拉弹唱，不会说普通话，他经常得到的就是老师和同学“白眼”。英语老师评价俞敏洪说：“只能听懂俞敏洪三个字，鹦鹉都不如。”这些刺耳的话语令他刻骨铭心。之后，他一天十几个小时地狂听狂背，创纪录地熟练掌握了 8 万个英语单词。

1984年俞敏洪留校当了教师，却依然被北大边缘化。六七年之后，为了赚取出国学费，俞敏洪就到校外的民办外语培训机构教课，被北大发现后受到了严肃的通报批评。他愤然辞职开始了新东方创业历程。之初，他租用中关村二小的一个小平房，俞敏洪自己拎着糨糊桶，不得不在零下十几度的冬夜到处张贴招生广告。1995年，新东方快速蓬勃发展起来，拓展了业务领域，完成了向现代公司的转变。到年底时，在校学生数已经达到千人。

据公开资料统计，现在每年有近1000万人在接受着新东方的英语培训。2005年9月7日，新东方成功登陆纽约证券交易所，发售了750万股美国存托凭证，一举融资额为1.125亿美元。新东方成了第一家在海外上市的中国教育培训公司，俞敏洪成了有史以来中国最富有的教师。

俞敏洪的成功是历练的结果。其坎坷不平的人生道路造就了俞敏洪不屈不挠的性格，造就了俞敏洪踏实前行的人生之路。他的经历告诉我们，成功的人生必然要接受艰苦的历练。人生旅途道路曲折，有高也有低，有起也有落，挫折是客观存在的。有人说，人生是由幸福和痛苦组成的一串珍珠。谁也无法回避四季的风雨冰霜。要有一种战胜挫折的信心和勇气，锻炼自己的品质，磨砺自己的意志，激发自己的智能，增长自己的才干。

智慧启示

命运赐给我们机遇和幸福，同时也带给我们缺憾和苦难。我们没有必要畏缩自卑，更没有必要怨天尤人，用坚强的意志和刚毅的态度对待磨难，用豁达的心态对待生活，就会多一些希望，多几分幸福。

中篇

做事

一个只读完初中的人，一个茶楼卑微的跑堂者，一个五金厂普通的推销员，经过短短几年的奋斗，竟然成为香港商界的风云人物，他就是李嘉诚。如此卓越的成就，除了他过人的处世智慧，还得益于其兢兢业业的做事态度。

第07章

目标策略——永不妥协

李嘉诚认为，做生意投入的本钱越大，将来获得的利润也就越多。那么，对于人生，拥有什么样的心态就会产生什么样的生活现实，这是毋庸置疑的。生活中，一个好的心态，可以使你乐观豁达，可以令你战胜苦难，过上真正快乐的生活。

选择之后就不要停止

不论你从什么时候开始，重要的是开始之后就不要停止。

——李嘉诚

很多年轻人，刚刚步入社会时，大多拥有自己的想法，给自己设计了诸多条成就大事的道路。然而很多人没用多久，在压力及现实面前，高高地举起了双手，早早地屈服了。自己理想只存留于幻想中，甚至越来越不被提及。

李嘉诚形象地把人比作一条船，自己就是掌握方向的舵手。在人生的海洋中，有的人像无舵船，他们幻想能漂到一个富裕繁荣的港湾。而现实证实这多数是一种幻想和奢望。面对风浪海潮的起伏变化，他们束手无策，只能随波逐流，幸运的能漂进某个避风港，不幸者可能触礁或搁浅。但那些成功者，他们花时间研究计划、确定目标和航向，他们坚持走属于自己的路，从此岸到彼岸，有计划地行进。他们勇敢地做自己心灵的舵手。

理查德这位大学毕业的高材生，最令人诧异的一点，就是他没有成为哪个大企业的骨干，某个科研项目的专家，而是成了一个出类拔萃的油漆匠。

说起理查德，不得不提起他的父亲。这位从墨西哥偷渡过来的老一辈非法移民者就是凭着一手好油漆活，在洛杉矶站住了脚。在一次大赦之后，这位老油漆匠拿到了绿卡，成了美国公民。

从小聪明又懂事的理查德经常在放学以后就帮助爸爸干油漆活。几年下来，理查德的手艺大有长进不说，而且有些方面还大有创新，连老爸都有点自叹不如。

理查德在校的学习成绩总是在全年级前三名，并且社区服务的记录也是全校最荣耀的，还获得过全美中学生美术展油画铜奖，这就使得他轻而易举地被哈佛大学录取了。

理查德在哈佛求学的过程中，成绩在班上总是名列前茅。但理查德每次来信，都要对星期天没法摸摸油漆活而大发牢骚。或者，就是盼着早点放假，回家来摆弄油漆。四年很快过去了，理查德虽然成绩优秀，但坚持不上研究院，而是在洛杉矶找到一份薪水蛮高而且非常体面的工作。

工作半年多，理查德的表现相当出色，但他心里总是不忘油漆活。有一次，公司的老板因为理查德工作优秀，就问他对公司有哪些看法，有些什么要求。理查德说，公司把有些部件拿到外面去做油漆不仅成本很高，而且质量也不理想，如果公司成立油漆部，就会很好解决这个问题。老板笑着说："这谈何容易？买设备倒是小事，招聘优秀的油漆技师可不是一件容易的事情。"理查德说："用不着招了，你面前就有一个。"于是，理查德把自己的经历同老板说了个明白，并且还把招一些年轻人由他亲自培训的构想和老板进行了沟通。老板当即决定，成立油漆部，由理查德任经理兼技师。

理查德兴冲冲地告诉老爸自己提升了。当老爸知道儿子任油漆部经理时，半天没说出话来。虽然家里人一再规劝理查德三思而后行，但理查德坚持走自己的路。经过几年的努力，这个油漆部的工作非常出色，白宫有些用品都指定在这里加工。

许多事例证明，别人给予你的意见和评价，往往不一定是正确的。20世纪最伟大的科学家爱因斯坦4岁时才会说话，7岁才会认字。老师给他的评语是"反应迟钝，不合群，满脑袋不切实际的幻想"。享誉世界的音乐家贝多芬学拉小提琴时，技术并不高明，他宁可拉他自己作的曲子，也不肯做技巧的改善，他的老师说他绝不是个当作曲家的料。大文豪托尔斯泰读大学时因成绩太差而被劝退学。老师认为他“既没读书的头脑，又缺乏学习的兴趣”。如果以上诸位成功人士不是走自己的路，而是被别人的评论所左右，那他们就不会取得举世瞩目的成就。

几十年前，一位住在犹他州首府盐湖城的年轻人做了一件反常的事，令认识他的人大跌眼镜。在这之前，他因为工作勤勉努力，生活节俭有规律而被所有朋友称道。

他做了什么呢？原来他从银行中取出他的全部积蓄买了一部新车，这还不是最“愚蠢”的，当他把新车开回家后，就在车库里动手拆卸汽车，车库里摆满了零零散散的汽车零件。他仔细检查了每个零件，然后又把汽车装好，这个行为重复了许多遍，人们对此感到大惑不解，嘲笑他是不是“疯了”。

几年后，那些嘲笑过这位年轻人的人们不得不承认他们错了，而这位年轻人具有明智的见识。他开始制造汽车了。他的产品领导了整个汽车工业，他还在汽车这个领域做了许多有价值的改进和革新，他成功了。这个当年反复拆装汽车的年轻人名叫沃尔特·珀西·克莱斯勒。

很多特立独行的成功者在走自己的道路的过程中，总会听到别人不同的意见，但他们对自己的信念始终坚定不移，当别人对你的行为抱有怀疑甚至是反对的态度时，坚持自我的意见，才能有更大的突破。如果你对自己选择的路不迷茫，持续努力，那未来一定会有所收获。

智慧启示

不必过于在意别人的看法。用心思考，你会发现，几乎每一个成功的故事都源于一个伟大的想法，而故事的主人公无一例外地会遇到怀疑和困境。而他们的过人之处就在于能够使这些杂音在头脑中沉寂下来，让自己静静地倾听真正的声音。他们的“疯狂”并非真的盲目，其中蕴含着目的，蕴含着方法。人活着并不是因为千篇一律而有所价值，那些伟人，都是拥有自己独特的思想，并坚持自己人生方向的人。

成功的奥秘在于坚持学习

我一直坚持读新科技新知识的书籍，以避免因为不了解新讯息而和时代潮流脱节。

——李嘉诚

李嘉诚说：“在知识经济的时代里，如果你有资金，但缺乏知识，没有最新的讯息，无论何种行业，你越拼搏，失败的可能性越大；但是你有知识，没有资金的话，小小的付出就能够有回报，并且很有可能达到成功。现在跟数十年前相比，知识和资金在通往成功的道路上所起的作用完全不同。”

毛泽东同志经常说：“饭可以一日不吃，觉可以一日不睡，书不可以一日不读。”他无疑是学习的最佳典范。在长征途中，他曾躺在担架上看《列宁与革命》；新中国成立以后，他那宽大的床上被大面积的书籍占据着；就在他生命的最后一段时间，他依然让工作人员读书给自己听。无论在什么样的环境，他都能坚持学习。其中一个重要的原因就在于他把学习培养成一种习惯，变成了他生活的一部分。一个人要想做到时时学习、处处学习、终生学习，一个很重要的前提和基础就是让学习成为一种习惯。

李嘉诚拥有一个巨大的工商业王国，是亚洲首富、世界十大富豪之一。有位记者曾问李嘉诚：“今天你拥有如此巨大的商业王国，靠的是什么？”李嘉诚回答说：“依靠知识。”有位外商也曾经问过李嘉诚：“李先生，您成功靠什么？”李嘉诚毫不犹豫地回答：“靠学习，不断地学习。”不断地学习知识，是李嘉诚成功的奥秘。

李嘉诚勤于自学，在任何情况下都不忘记读书。青年时打工期间，他坚持“抢学”，创业期间坚持“抢学”，经营自己的“商业王国”期间，仍孜孜不倦地学习。李嘉诚晚睡前是他铁定的看书时间，他喜欢看人物传记，无论在医疗、政治、教育、福利哪一方面，对全人类有所帮助的人他都很佩服，都心存景仰。李嘉诚一天工作十多个小时，仍然坚持学英语。早年专门聘请一位私人教师每天早晨7点30分上课，上完课再去上班，天天如此。早在办塑料厂时就订阅了英文塑料杂志，既学英文，又了解世界最新的塑料行业动态。苦读英文使李嘉诚与其他早期从内地来香港发展的企业家有所区别。当年，懂英文的华人在香港社会是“稀有动物”。懂英文，使李嘉诚可以直接飞往英美，参加各种展销会，谈生意可直接与外籍投资顾问、银行的高层打交道。如今，李嘉诚已年逾古稀，仍爱书如命，坚持不断地读书学习。

让学习成为一种习惯，最重要的就是要行动起来，我们应该充分认识到学习的重要意义，真正把学习当成一种责任、一种追求。当然，让学习成为一种习惯，并不是一蹴而就，而是一个长期的过程。在这个过程中，我们需要将自己的坏习惯改变成学习的好习惯。不要沉湎棋牌桌上的玩乐，不要沉浸在觥筹交错的应酬中。任何一种习惯都有强大的惯性，好习惯是这样，坏习惯更是如此。一个人的时间和精力有限，如果你想让学习成为一种习惯，那么，就要改掉自己的坏习惯。

有人说：“杰奎琳的第一个魅力是深不可测的智慧美。”熟悉杰奎琳的人，都会说到她对于书的感情。杰奎琳是一个典型的书迷，她对书的痴迷程度，是常人难以理解的。就连她的丈夫肯尼迪也会惊叹：“无法理解她为什么那么喜欢看书。”

她几乎博览群书，不管什么书都看得很认真，尤其喜欢诗集、历史和关于艺术的书籍。随着地位的升高和年龄的增长，杰奎琳看书更加刻苦，并通过读书不断提高自己，如此学习的经历使得她在离开白宫后仍然被人们所记住，在离开白宫后，她反而变得更有名，成为了一个更具影响力的女人。

杰奎琳的公寓和别墅里装满了各种书籍，桌子上和桌子下、沙发和椅子上，到处都堆满了书，整个别墅就相当于图书馆。她经常指导朋友希拉里“做一个读很多很多书的女人”，在杰奎琳看来，要想成为一个传奇女人，其中的奥秘就是书和学习。

莱因霍尔德曾这样说：“杰奎琳在社会学和神学上表现出的智慧感动了我，我被杰奎琳感动以后，便下决心支持她的丈夫。”戴高乐在见识杰奎琳的智慧之后，这样说道：“杰奎琳女士对法国历史的了解程度远远超过了法国本土的妇女们，她并不介入政治，但又给自己的丈夫赋予艺术和文学支持者的名声，自从认识杰奎琳以后，我对美国更加信任了。”

杰奎琳非凡的智慧当然应该归功于自己的终生学习，即使在自己地位和名声升高的时候，她也不放弃学习的机会，而且变得更加刻苦地学习，并通过学习来提升自己的文化修养。这位伟大的第一总统夫人已经将学习当成了一种习惯，当成了自己生命的一部分。

1.学习是一种习惯

学习，是我们每个人都应该养成的良好习惯与性格。一个人若是将学习成为一种习惯，他就能够把握住人生的正确方向。在现实生活中，许多人知识匮乏，能力不足，碌碌无为，有的人甚至步入歧途，这是为什么呢?

2.慢慢领悟学习的乐趣

其实，一个很重要的原因就是他们不能自觉、持续地学习。有的人从来不认为学习是乐趣，而是把学习当作一种负担；有的人说起学习来头头是道，但是，自己缺少实际行动。他们不学习的原因并不是“学习枯燥乏味”“太忙没时间”，关键在于他们没有养成良好的学习习惯。

智慧启示

著名语言文字学家周有光已经年逾百岁，但仍坚持每天伏案学习，笔耕不辍。有人问他：“您都一百多岁了，又有那么多成果，为何还那么辛苦呢？”他坦然一笑，回答说：“辛苦吗？我没觉得，一辈子的习惯，想改都难。”当学习已经成为了一种习惯，你想摆脱都很难了。一个善于学习的人，他的内心是极为满足的，而他的才情都是用足够的知识和生活经历所积累的。

不是运气不够好，只是不努力

天才是百分之一的灵感加上百分之九十九的努力。

——李嘉诚

生于1928年的李嘉诚今年已经88岁了，当记者询问他的退休计划时，他这样说道：“我已经做好退休准备，但现在还没有这个计划。我每天都乐于为股东或基金会付出时间和精力，数十年如一日，我可能是公司请病假最少的人之一。”许多人对身边那些做出成就的人总是抱以羡慕嫉妒的眼光，从而感叹自己命运多舛，运气很差。不过，请重新审视一下自己，真的是因为运气很差吗？运气往往与好运相连，如果足够努力，那好运自然会到来。在这个世界，没有无缘无故的好运，所有的好运都是努力而来的。做人做事有多大的力气，就会有多大成功。对此，李嘉诚告诫年轻人，永远记住一句话：越努力，越幸运。

李嘉诚认为：“勤奋是个人成功的要素，所谓一分耕耘，一分收获，一个人所获得的报酬和成果，与他所付出的努力是有极大的关系的。运气只是一个小因素，个人的努力才是创造事业成功的最基本条件。”

1896年4月6日，现代奥运史上的第一个世界冠军诞生了，他就是来自美国哈佛大学的大学生詹姆斯·康纳利。

康纳利1895年被哈佛大学录取，学习古典文学。在学校时，他已经是当时全美三级跳远冠军了。听说奥运会即将在雅典举行，他便向学校请8周假前去参赛，但学校拒绝了他的要求。康纳利执意要到奥运会上一试身手，于是他离开了哈佛，自己争取到参加奥运会的资格，成为有11人组成的美国代表团的成员之一。

与他一同前去的其他美国同伴都是波士顿体育协会麾下的运动员，参赛是免费的。而康纳利太穷了，他享受不到这种待遇。他这次参赛是在一家很小的体育协会的赞助下才成行的。由于资金紧张，他花掉了自己仅有的700美元的积蓄，才登上了德国德福达号货船。

就在启航的前两天，他伤了后背，几乎毁了他的全部计划。幸运的是，在从纽约到那不勒斯的17天航行中，他的伤痊愈了。但是刚下船，他的钱包又被人偷走了。这还不算，更为糟糕的事接踵而来：因为希腊历制和西方历制不同，比赛在他们到达的第二天就要开始，而不是他们原以为的12天之后；而对他更为不利的是，他的三级跳远项目的起跳要求是单足跳、单足跳、起跳，而不是他从小练习的传统跳法单足跳、跨步、起跳。

4月6日下午，三级跳远比赛开始了。在其他运动员跳完之后，康纳利最后一个出场。他走到沙坑前，把帽子扔到了一个别的运动员跳不到的位置上，大声呼喊自己要跳到帽子那里去。他在跑道上加速，按照新的规则，先两个单足跳，然后起跳，最后落在比他的帽子更远的地方，跳出了13.71米的好成绩，成为当之无愧的现代奥运史上的第一个冠军。

1949年，哈佛大学与他和解，并授予他博士学位。

詹姆斯·康纳利很幸运吗？或许所有人都会这样觉得，但事实上你永远不知道他背后的努力。并不是每个人都能在逆境中坚持自己的决定。面临着参加奥运会就要离开学校，且自己自费参赛的严峻考验，詹姆斯·康纳利坚持自己的想法，最终取得了胜利。正如一位哲人所言：成功者大都起始于不好的环境并经历许多令人心碎的挣扎和奋斗。他们生命的转折点通常都是在危急时刻才降临。经历了这些沧桑之后，他们才具有了更健全的人格和更强大的力量。

所以，请放下你的浮躁，放下你的懒惰，放下你的三分钟热度，放空容易受诱惑的大脑，放开容易被新奇事物吸引的眼睛，闭上喜欢聊八卦的嘴巴，静下心来好好努力。当你认真地努力之后，你会发现自己比想象中更优秀，好运也会在期待中降临。

在不少人眼里，莎莉是一个努力的女孩，她几乎一年360天都在工作。在几年前，她看起来还有点婴儿肥，现在却摇身一变成为了纤瘦励志女神。当然，莎莉的变化不仅仅在外表上，而且陆续推出了有影响力的作品，其能力也得到大家的认可，可以说成为圈内的劳模代表。

但是，面对这些变化，莎莉却说："我希望努力度过每天，做最棒的自己，努力是我一个很好的开始。"其实，莎莉从小没有想过自己会成为活跃在大荧幕上的明星。小时候莎莉的父母对她要求很严格，让她学画画、硬笔书法、琵琶等，在这个过程中莎莉慢慢明白努力有多么重要。父母经常对莎莉说："你可以不是第一名，但你一定是最努力的那一个。"所以，一直以来莎莉都坚信"越努力越幸运"，她希望通过自己的努力来赢得一次又一次的好运。她说："加倍努力，终于让我化茧成蝶。"

在通往成功的路途上，任何的抱怨都无济于事，任何的借口都是白搭，唯有努力才是真刀实枪的本事。努力的年轻人，不用去寻找好运，因为他就是好运。越努力越好运，这确实是一个成功的奥秘。努力本身带给我们有益的东西远远大于成功，在努力的过程中，不断磨炼，不断尝试，到成功那一天，所有的努力都会聚沙成塔，成就自我。

智慧启示

风往哪个方向吹，草就往哪个方向倒。要做风，即便最后遍体鳞伤，但也会长出翅膀，勇敢地飞翔。一个年轻人如果缺少棱角、缺少勇气，无法选择走自己的路，那他只能成为被风吹倒的草。所以，大胆走自己的路，努力吧，总有一天，你会成为翱翔的雄鹰，繁华褪尽，剩下的只有荣光。

成功属于有信心的人

理想的路总是为有信心的人预备着。

——李嘉诚

李嘉诚认为，强者不一定是胜利者，但胜利者迟早都属于有信心的人。从心理学角度说，信心可以决定一个人的成与败。也许，有人会感到不解，怎样才能获得信心呢？原来，从成功的回忆中可以帮助我们建立成功的自我想象，可以使自己获得自信。当你对自己的能力表示怀疑，为自卑感所困扰的时候，不妨从过去的成功经历中吸取养分，来滋润自己的信心。不要沉溺于对失败经历的回忆，要将失败的意象从自己脑海中赶出去。生活中，许多人之所以缺乏自信，有诸多因素，可能是在失败的经历中被磨灭，可能是内心存在的自卑感，等等。然而，我们应该记住这样一句话：只有自己轻视自己，别人才会轻视你。

1950年1月1日，已打工将近8个年头的李嘉诚，拿出所有积蓄，又找舅舅庄静庵借了些钱，用总共约6500美金做本钱，在香港西环创立了一个小小的工厂，也是他自己的工厂——长江塑料厂。

开业当天，21岁的李嘉诚自信满满地对着20多名员工演讲："我们公司虽小，但我懂得这一行，人家懂的，我们懂更多，我们懂的，人家未必懂。一步一步，我们一定会扩大，会一路变好，你们的收入，也会一路变好！"

自信、执着，会让你拥有一张人生之旅的永远坐票。那些不愿意主动寻找座位，最终只能在上车时的落脚之处一直站到下车的人，他们其实就是在生活中安于现状、不思进取、害怕失败的人，最终，他们永远滞留在没有成功的起点。信心是获得成功不可缺少的前提，信心会引导我们走向成功。有信心的人，他们遇事不畏缩，不恐惧，即使内心隐隐不安，但他们也能勇敢地超越自我。有信心的人，他们浑身上下充满了活力，能解决任何问题，凡事全力以赴，最终他们成为了最伟大的胜利者。

1.培养自己的兴趣爱好

成功的人，都会从身上散发出一些自信的光芒，比如自己的专长。毕竟信心并非嘴上说有就有，而是需要从生活中一些小事情去发掘，让自己在某方面出色，从而让自己更自信。

2.做正确的事情

特长是自己能力的一方面，但并非每个特长都可以养活自己，而不是由着性子。所以，每个人应该有自己的目标，首先想问问自己想过什么样的生活。

智慧启示

凡是成功者都具备一个共同特征，那就是对自己有信心，每一次的成功就会使他们很快地树立自信心，成功机会越多，他们的自信心就越强。成功的第一秘诀就是自信心，如果自己都不相信自己，那么别人更不可能相信你。

人生的字典没有“不可能”

觉得自己做得到和做不到，其实只在一念之间。

——李嘉诚

李嘉诚说：“觉得自己做得到和做不到，其实只在一念之间。”在这个世界上，没有什么事情是不可能做到的，世界上有许多事情，只要你有信心去做，你就能成功。当然，我们需要在思想上挣脱“不可能”这个束缚，从行动上开始向“不可能”挑战，这样我们才能将“不可能”变成一切皆有可能。在这个世界上，一切皆有可能，只要我们敢想，只要我们对自己充满信心，那些看似“不可能”的事情就会成为无限可能，让“不可能”只出现在字典里，用信心去战胜现实。

如果有人说“水声可以卖钱”，你一定会说：“这是不可能的事情。”但是，在美国有个人用立体声录下许多潺潺的水声，复制后贴上“大自然美妙乐章”的标签高价出售，结果大赚了一笔。在日常生活中，许多事情告诉我们一切都是有可能的，在我们的字典里从来没有“不可能”这三个字。

生物学家曾做过了这样一个有趣的实验：他曾经将跳蚤随意地向上一抛，它能从地面上跳起一米多高，但是，如果在一米高的地方再放个盖子，这时，跳蚤跳起来，撞到了盖子，而且一再地撞到了盖子。这样过了一段时间，生物学家拿掉了盖子，发现跳蚤虽然还在继续跳，但它们已经不能跳到一米以上了，直至跳蚤结束了生命，他们也跳不到一米以上了。这是为什么呢？其实，理由很简单，因为跳蚤调节了自己跳的高度，而且逐渐适应了这种情况，不再改变。

这个现象就是心理学上著名的跳蚤效应，不仅跳蚤如此，人也一样，有什么样的目标就有什么样的人生。许多人不敢去追求梦想，不是梦想太远，而是因为他们心里已经默认了一个“高度”，而这个高度常常使他们受限，使他们看不到未来确切的努力方向。

在生活中，许多人不敢追求成功，原因并不是追求不到成功，而是他们在还没有开始追求之前就在心里默认了一个“高度”，这个高度常常暗示自己：成功是不可能的，这个是没办法做到的。“心理高度”成为了人们无法取得成功的根本原因之一，自我设限是一件很悲哀的事情，跳蚤并非失去了跳跃的能力，而是他们在受挫之后变得麻木了，习惯了。所以，我们要将成功的信念注入血液之中，不断地告诉自己“我能行”，“我努力就一定能成功”，“我是最优秀的”，不断增强自信心，勇于向成功奋进。

一天夜里，小偷潜入了谈迁的家里，但是，小偷发现谈迁家里空荡荡的，根本没有什么值钱的东西。正当小偷失望的时候，他一眼瞥见了屋子角落里有一个锁着的竹箱，小偷如获至宝，以为里面装着值钱的财物，就把整个竹箱偷走了。其实，那个竹箱里并没有什么值钱的东西，而是谈迁刚刚写好的《商榷》，对小偷来说，这东西一文不值，而对谈迁来说，却是珍贵的书稿。

20多年的心血化为了乌有，这对谈迁来说，是一个致命的打击。他已经年过半百，两鬓花白，似乎无力坚持下去了。但是，谈迁没有放弃，他不断地鞭策自己：再写一本将会更精彩。在强大信念的支撑下，谈迁从痛苦中崛起，重新撰写那部史书。10年后，又一部《商榷》诞生了，新写的《商榷》104卷，500万字，而内容比之前的那部更精彩、翔实，谈迁也因此而名垂青史。

小偷在无意之间促使谈迁鞭策自己，重新撰写了《商榷》这部史书。或许，正是因为再一次的仔细撰写，使得《商榷》更精彩，而谈迁也因此而名声大振。只要不停止对自己的激励，我们永远都有再站起来的那一天，成功从来不曾离我们而去。

生活中有许多困难与挫折，面对这些困境，许多人总是不由自主地说“我不能……”在这样一种心理的影响下，他们不敢正视现实中的挑战，对自己缺乏信心，最后导致自己的潜力并没有得到充分的发挥。其实，我们之所以不能成功的原因在于：缺乏自信，总是被“我不能”这种想法左右。所以，不妨试着把“我不能”埋在地下，相信自己，用积极乐观的心态来面对一切，这样那些困难与挫折就会迎刃而解。永远不要让“不可能”禁锢自己的手脚，对自己要充满信心，勇敢地向前迈一步，坚持到底，那么“不可能”就变成了“一切皆有可能”。

智慧启示

成功来自于自信，自信者有着决胜的信念，在李嘉诚的字典里是没有“不可能”的事情，他不达到目的就不罢休，坚决咬定青松不放松，使“不可能”变为“可能”。其实，能够打垮自己的往往不是别人，而是内心的“不可能”，所以，相信自己，相信“一切皆有可能”，不要把一次失败就看做是人生的终审。

第08章

思维策略——观念造就成功

人与人之间的最大差别，在于观念的不同。李嘉诚之所以能从一个茶楼的小堂倌成为华人首富，他所拥有的恰恰是不同于常人的观念。当人们在担心温饱问题时，他已经考虑如何创业、如何做企业了。所以，他成功了。

待机而发，顺势而为

要永远相信：当所有人都冲进来的时候赶紧出来，所有人都不玩了再冲进去。

——李嘉诚

商场有自己的规律，做生意必须随着市场的变化而变化，及时地调整经营策略。李嘉诚在创业初期，他公司所生产的塑胶玩具已经趋于市场饱和，前途茫然。在这一时期，李嘉诚希望能跳出这种饱和的状态，否则自己只能被商场规律所淘汰。当然，他需要一种新的产品来救活企业，而且这种产品必须极具竞争力。一直以来，李嘉诚总是抱着这样的思想——当所有人都冲进来的时候赶紧出来，所有人都不玩了再冲进去。所以，他一边调查市场，一边了解国际市场，希望能寻找出一种新的产品。果不其然，他寻找到了在国际市场流行的塑料花，而这一产品在香港还是个冷门，市场前景广阔，李嘉诚当即瞅准机会，一举拿下。

在《三国志》里，司马徽说：“平庸的书生文士怎么会认清天下的大势呢？能认清天下大势的人才是杰出的人物。”的确，因为只有看清了局势，方能顺势而为。在现实生活中，我们常常用“顺”来表示美好，那些懂得顺水推舟、顺势而为的人，才能达到圆满的人生。

三国时蜀汉的政治家和军事家诸葛亮年幼时父亲就去世，依靠叔父诸葛玄过活。十六岁那年叔父也去世，于是在襄阳城西的隆中置了一点田产，盖了几间屋子，一面耕种，一面读书。诸葛亮在隆中住了十年。这期间他读了大量经史和诸子百家的著作，获得了丰富的政治、军事、历史等方面的知识。他又注意研究当时的政治形势，逐步形成了一套政治见解。

当时，刘备正依附荆州牧刘表。他觉得要成大事，必须有智谋的人辅佐，因此一直在寻找有见识的人才。后来，他听说司马徽在襄阳很有名声，便去拜访他，并问他对当今天下大势的看法。司马徽说：“平庸的书生文士怎么会认清天下大势？能认清天下大势的人才是杰出人物。这里的卧龙和凤雏，才是这样的杰出人物。”

古人云：“天下大事，顺势者昌，逆势者亡。”在生活中，职场是一个风云变幻的舞台，几乎每一天都有可能出现人事变动，因此作为一名职员，我们需要看清时务，必要时顺势作出适宜的计策，如此这样，才能保全自己的位置，否则不顺应形势，迟早会吃亏。在任何时候，只有在顺应形势的前提下谋求发展、寻找机会，才能保全自己。

1896年，瑞典著名火药专家诺贝尔，得了心绞痛和心脏病，病情非常严重。医生建议诺贝尔服用硝化甘油。此药当时试验证明有效，但诺贝尔因人体服用硝化甘油并没有理论支持，断然拒绝。大名鼎鼎的诺贝尔，以发明立身，经历了无数次的火药试验。可是到了自己的身体上，却武断地排斥有益的治疗方法，坚持他——没有理论依据的药物，绝不能食用的偏执观念，任他人如何解释、劝导，均不予理睬。这种宁死不改初衷的做法，直到他去世的那一刻。

1896年12月10日，诺贝尔在意大利的圣雷莫去世，终年63岁。直到100多年后，戏剧性的一幕出现，三位获得1998年诺贝尔医学奖的科学家，发现硝化甘油中的一氧化氮——可使人体产生的一种信号分子，能够舒张血管，从而有利于血液循环，对心血管系统产生特有益处，这才使硝化甘油在医学理论上有了完备支持。但诺贝尔怎么也不会想到，自己的固执改变不了医学事实，自己的愚见正被他设立的诺贝尔医学奖获奖者推翻。

在这个世界上，即便你很了不起，但也不能与大自然作对，更不要固执己见，要懂得遵循自然规律，顺势而为。在生活中，有许多人自叹“怀才不遇”，穷困潦倒，没有做成大事，其原因在于没有把握住这个大势，逆势而动，废了九牛二虎之力也无济于事，只有发出“生不逢时”的遗憾。很多时候，既然你改变不了世界，那就只有改变自己，主动适应世界，才会顺风顺水。

1.识时务者为俊杰

在工作中，一个人无论有多么大的能力，他总是受到周围环境以及诸多因素的制约，不能够为所欲为。在局势变化的情况下，如果你一意孤行，最后吃亏的只能是自己。所以，一个人要懂得认清局势，并顺应局势的变化，明时务，灵活处理自己的相关事宜。

2.经营，就是一种顺势

松下幸之助说：“经营，其实就是一种顺势。”在职场中，要想成就一番事业，就必须顺势而谋，在局势变化的过程中，有许多值得我们学习的东西，而只有不断学习才能积累“能量”，一旦时机一到，我们就可以获得成功。

智慧启示

我们如何面对既成的局面？惟有不断地提高自己的能力，等待机遇的到来，再迅猛出击，奋起拼搏。如果我们想获得成功，就要学会顺势，做到蓄势待发，积蓄能量，时刻准备着，等待机遇的到来。

改变想法才能改变人生

想像力比知识更重要。

——李嘉诚

李嘉诚认为，一个人的想法比知识更重要。一个人想在事业上取得一定的成就，光靠一些老想法、老套路是很难成功的。当你站在一条已经有无数人走过的路上，遥望着难以企及的成功目标时，你应该早点觉悟，转变想法去寻找另一条更近更省力的新路，而不要固执地在这条困难重重的老路上浪费时间。

有人经常说："我忙得没有时间去想。"然而，就是"没时间去想"这五个字，却成为成功与失败的分水岭。平庸的人只知道"埋头拉车"，而成功的人却能"低头去想"，为事情的解决想出最好的方法。其实，李嘉诚的成就在开始时都不过只是一个想法罢了。

19世纪中叶，英国加利福尼亚州兴起了淘金热，淘金的人蜂拥而至。有的人发财了，但也有很多人血本无归。前来淘金的人中有一个叫亚默尔的年轻人，一个偶然的机会使他发现在这里要喝到水很困难，独具慧眼的他立即意识到这是一个很大的商机。他想：我来这里是为了什么？是为了淘金，但淘金是我的目标吗？不是，淘金只是手段，我的目标是赚钱，既然不淘金更能赚钱，为什么还要去淘金？于是他放弃了淘金做起了卖凉水的买卖。

刚开始做的时候，有人嘲笑他说："千里迢迢来这里，不抱西瓜却捡芝麻，真是可笑之极。"但他不为所动，最后靠着卖水，在很短的时间内就赚了8000美元。当不少淘金者还在挨饿的时候，他已经完成了原始资本的积累。后来，他一跃而成了美国有名的商业巨子。

方法从根本上讲，是"想"出来的。只有敢"想"，会"想"的人，才会成为成功者的候选人。作为一个成功者，你就应该善于转换想法，把别人难以做成的事做成，把自己本来做不成的做成。当别人失败时，你如果可以从他人的失败中总结经验，得出正确的想法，并付诸行动，你就可能成功。当你自己失败了，如果你能够吸取教训，把思想转换到新的正确的想法上，再付诸行动，你同样可以获得成功。

其实，在这个时候最需要做的应该是改变自己的想法，哪怕改变只是很小的一点，也可能起到很好的效果。而在许多人生的转折点，一旦你能调整思路，换个想法，也许你就可以看到许多别样的人生风景，甚至可以创造出人生的奇迹。

在一眼看不到尽头的大海上，一艘远洋海轮不幸触礁沉没了。八名船员奋力与海水搏斗，终于登上一座孤岛，才得以暂时脱离危险。但接下来的情形更加糟糕，岛上除了石头，还是石头，没有任何可以用来充饥的东西，更让人不堪忍受的是，在烈日的暴晒下，每个人都口渴难耐，缺少可以饮用的淡水成为困扰他们的最大难题。

等啊等，没有任何下雨的迹象，除了海水还是一望无边的海水，没有任何船只经过这个死一般寂静的小岛。渐渐地，其中的七名船员因为支撑不下去，相继渴死在孤岛上。

当最后一名船员快要渴死的时候，他想，与其像其他船员那样渴死在孤岛上，不如就尝尝这海水的味道，说不定这里的海水能喝，可以救自己一命。于是他扑进海水里，“咕嘟咕嘟”地喝了一肚子。这名船员喝完海水，一点儿也感觉不出海水的咸涩，相反，他觉得这海水又甘又甜，非常解渴。于是他每天就靠喝这岛边的海水度日。有了海水的补给，这名船员继续同命运抗争着，终于被过往的船只解救了。

后来，人们化验这里的海水发现，这儿由于有地下泉水的不断涌出，海水实际上是可口的甘泉。

谁都知道“海水是咸的”，根本不能饮用。七名船员就是因为脑海里存有这样的生活经验和思维定式，所以不敢去突破，不敢去做新的尝试，结果活活渴死了。只有最后一个船员大胆地改变了想法，终于打破了思维的旧框框，从而救了自己一命。

如果一个人的想法老停留在某一个点上，就永远无法开拓自己的视野和思路。你应该经常将眼光放远，产生一些新的想法。当然，你在想象的同时，应该把焦点指向一个全新固定的目标。否则，极容易将自己的思路陷入空想和妄想之中，这样也会阻碍你创造力的发展。

人活一世，生存环境不断变迁，各种事情接踵而来，因循守旧是无论如何都行不通的。生活中有一些人总是失败，就是因为他们按图索骥、过于墨守成规，从而把自己的道路堵死，结果导致自己寸步难行。其实一些旧想法、旧规矩都是可以打破的，只要我们做事灵活而不失原则，这样就能符合时代的变迁和社会的发展。

1.敢想敢尝试

对于敢“想”，会“想”的人来说，这个世界上不存在困难，只存在着暂时还没想到的方法，然而方法终究是会想出来的。所以，会转换想法的人只有一个归宿，那就是成功。

2.命运因想法的改变而改变

想法是大脑的活动，人的一切行为都受它的指导和支配。想法虽然看不见、摸不到，但它真实地存在着。有什么样的想法，就会有什么样的命运。如果你的想法和自信、成功、乐观联系在一起，那么你就会有一个圆满的人生；如果你总是想到自卑、失败、忧愁，那么你的命运也不会好到哪里去。

智慧启示

人们总是很容易陷入到固有的思维模式里去，有时候明明某种想法对解决问题没有很好的效果，却非得按照常规去做，结果白白地耗费了时间和精力。人一旦形成了习惯的思维定式，就会习惯地顺着固有想法思考问题，不愿也不会转个方向、换个角度想问题。很多人都有这样的愚顽的“难治之症”，所以走不出宿命般的可悲结局。

思想有多远，就能走多远

乐观者在灾祸中看到机会；悲观者在机会中看到灾祸。

——李嘉诚

李嘉诚说：“乐观者在灾祸中看到机会；悲观者在机会中看到灾祸。”提起思考，并不是科学家、发明家和伟人的专利，普通人同样有思考的权利。李嘉诚为什么能够实现自己的人生价值，并能取得大大小小的成功？答案就是他有独特的思考技巧。所以，从这个意义上说，人的成就首先是

“想”出来的，是在正确思考后，并采取行动干出来的。每一个追求成功的人，几乎都能意识到：思考是打开成功大门的钥匙，都希望自己养成思考的好习惯。

一个养成思考习惯的人，往往不会满足于现状，不会因循守旧，不会迷信经验，不会盲从别人。他们遇到问题时，首先不是去接受别人的观点，而是多问一些“是什么”“为什么”“怎么样”等，有这样的习惯，他就不会只能做一个机械的操作者、搬运工，因为他习惯了思考、观察，敢于突破框框条条的束缚，寻求新的思路，这样才会成为成功人士。

拿破仑·希尔在遍访当时美国最成功的500多位富翁之后得到一个结论：“思考即财富”。中国一位传奇的民营企业家也有句名言：“没有做不到的，只有想不到的。”可见我们思考方法的匮乏是妨碍致富又一大障碍。只要养成善于思维的习惯，就会常常获得意想不到的效果。

美国有一家生产牙膏的公司，产品优良，包装精美，营业额蒸蒸日上。不过，业绩进入到第13年时，则停滞下来，每个月维持着同样的数字。董事部对此深感不满，便召开会议商讨对策。

会议中，有名年轻经理站起来，对总裁说：“我手中有张纸，纸里有个建议，若您要使用我的建议，必须另付我5万元。”总裁听了很生气说：“我每个月都支付你薪水，另有分红、奖励，现在叫你来开会讨论，你还要另外要求5万元，是否过分？”

“总裁先生，这是一个重大又有价值的建议，您应该支付我额外的薪水。若我的建议行不通，您可以将它丢弃，一分钱也不必付。但是，我看您损失的必定不止5万元。”年轻的经理解释说。“好！我就看看它为何值这么多钱？”总裁接过那张纸后，阅毕，马上签了一张5万元的支票给那位年轻经理。那张纸上只写了一句话：“将现在的牙膏开口扩大一毫米。”

试想，每天早上，每个消费者多用一毫米的牙膏，每天牙膏的消费量将多出多少倍呢？这个决定，使该公司第14年的营业额增加了32%。

诚然，在你的事业中，时时刻刻都会出现机会，也许只需要你稍微变通一下，事情的结果就会不一样。变通有那么难吗？就像这位经理一样，只是将牙膏口增大一毫米。其实，更重要的是，将脑袋“打开”一毫米！

不同的思考方式决定不同的行为目标，思考未来的技巧为你创造一种未来的新形象；要想取得突出成绩，思考是你必不可少的。如果你想要迅速致富，那么你最好去找一条捷径，不要到摩肩接踵的人流中去拥挤，要丢弃“不可能”“办不到”“多么愚蠢”的消极念头。

日本尼西奇公司是日本著名的生产塑料制品的企业。长期以来，大量生产雨衣、旅游帽、卫生带、尿垫等产品。但一段时间，由于订货不足，产品销售停滞，导致公司的经济效益很差，企业陷入困境。公司的董事长多川博千方百计地想寻找搞活企业的方法。一个偶然的机会，他看到了一份全国人口的普查报告，报告中说日本每年出生250万婴儿。于是他想：如果每个婴儿用两个尿垫，一年就需要500万条，这是一个非常好的销售渠道，市场前景非常广阔。如果把市场推到国际上，市场效益就更加丰富了。

经过权衡利弊，多川博决定放弃其他产品的生产与销售，专门生产尿垫。刚开始，他的这一举措引起了不少人的非议，但他始终坚持自己的决定，这样生产尿垫的工程开始全面展开。尼西奇公司由于大力发展尿垫和尿布新产品，在日本全国建立了很多营业所，并与数以千计的批发零售商建立了供销关系，很快便垄断了日本的尿垫市场。接着，他又把目光投向了国际市场，尿垫产品远销西欧、美洲、大洋洲及东欧一些国家，年销售额达70亿日元。今天，尼西奇公司是世界上最大的尿垫公司。

会思考的人，都有一双慧眼，都比别人多一个心眼。很多成功人士都是事业、生活中的有心人。有心人往往勤于观察，善于发现，乐于思考。当一些人从生活中发掘了致富信息，并获得成功后，有些人就会顿生懊悔之心，说：“我天天都见到那些致富信息，怎么就没想到利用它来致富呢？”

一个聪明人比一个普通人的高明之处在于，他总会比别人多想几步。其实，有时只要比平时多想一点就会把事情处理得很完美。在现实生活中，多想几步，也就是说具有一定的远见卓识，将给我们带来极大的价值。深度思维与扩散性思维会给我们带来巨大的利益，会打开不可思议的机会之门。对于追求成功的人来说，机会是平等的，就看你愿意不愿意运用思考的“武器”，去发现机遇，把握机会，攻克成功路上的难关。

1.别让思维被禁锢

在生活中，仍有一些人不会思考，没有养成思考的习惯。特别是当一些成功的经验被定格在“习惯”上之后，一切都显得理所当然，一旦面对新问题，就会作出消极的反应：不想再做新的思考，不愿改变现状。

聪明人是将自己的思维和视野努力变得开阔起来，善于从习以为常的事物中发现新的契机，主动反常逆变，去认识和发现新的事物。

2.学习巧妙的思考技巧

大多数人并不缺乏知识与才能，但却没有一个正确巧妙的思考技巧。正确巧妙的思考技巧，对致富来说，无异于机器内部的硬件。要善于独僻蹊径，从思考中找到一条适合自己的路。

智慧启示

无论从事何种行业，只要有思考的习惯，就会惊喜地发现新天地。尤其是那些身陷困境的人，更要开动脑筋，大胆思维，敢于走前人没走过的路，才有可能从“山重水复”走到“柳暗花明”。

思维决定一个人的高度

精明的商家可以将商业意识渗透到生活的每一件事中去，甚至是一举手一投足。充满商业细胞的商人，商机对他来说可以是无处不在无时不在。

——李嘉诚

在李嘉诚看来，商机是无处不在，当然这得益于他敏锐的眼光以及卓越的思维。很多时候，突破常规思维，从另外的角度进行思考，往往能够柳暗花明见新天。这种事例在日常生活和工作中有很多，由于这种思维方式灵活多变，所以往往能取得意想不到的成功。

对于一个本质相同的问题，用两种不同的角度去看，会得到截然相反的答案。所以，当我们做事时，不妨选择一个好的角度。遇到难以解决的问题时，有的人会选择放弃，有的人会选择不达目的誓不罢休，而有的人会改变思路，寻找解决问题的新角度，毫无疑问，最后一种人是最有可能解决问题，并有大的收获的人。

一位犹太出版商有一批滞销书，当他苦于不能出手时，一个主意冒了出来——给总统送一本，并三番五次去征求意见。忙于政务的总统哪有时间与他纠缠，便随口而出："这本书不错。"于是出版商便大做广告："现有总统喜爱的书出售。"于是这些书就销售一空。

时间不长，这个出版商又有卖不出去的书，他便又送了一本给总统。总统鉴于上次经验，想奚落他，就说："这书糟糕透了。"出版商闻之，灵机一动，又做广告："现有总统讨厌的书出售。"有不少人出于好奇争相抢购，书又销售一空。

第三次，出版商将书送给总统，总统接受了前两次教训，便不予回答而将书弃之一旁，出版商却大做广告："有总统难以下结论的书，欲购从速。"居然又被一抢而空，总统哭笑不得，商人大发其财。

有时成败只在于一个观念的转变。换个思路，变个想法，往往令你取得意想不到的奇妙效果。"如果有个柠檬，就做柠檬水。"这是一位聪明人的做法，而傻子的做法正好相反。如果他发现生命给他的只是个柠檬，他就会沮丧，自暴自弃地说："我完了，我的命运真悲惨，连一点发达的机会也没有，命中注定只有个柠檬。"然后，他就开始诅咒这个世界，一辈子让自己沉浸在悲伤当中，毫无作为。但是，当聪明的人拿到一个柠檬的时候，他就会说："从这件不幸的事情中，我可以学到什么呢？我怎样才能改变我的命运，把这个柠檬做成一杯柠檬水？"

换个角度，就换了一种思维，就打破了自己的习惯思维和固有思维，这样必然会有不一样的结局出现。在现实的生活中，当人们解决问题时，时常会遇到瓶颈，这是由于人们只在同一角度停留造成的，如果能换一换视角，情况就会改观，就会有新的变化与可能。

住在美国加州的一位快乐的农夫叫皮特，当他买下一片农场的时候，他觉得非常沮丧，因为那块地坏得使他既不能种水果，也不能养猪，能在那片地上生长的只有白杨树和响尾蛇。后来，他想了一个好主意，他要把自己所有的东西都变成一种资产，他要利用那些响尾蛇。皮特的想法使每一个人都很吃惊，因为他开始做响尾蛇罐头。

现在，皮特的生意做得非常大，每年去他的响尾蛇农场参观的游客差不多就有两万人；从响尾蛇身上取出来的蛇毒送到各大药厂去做蛇毒的血清；响尾蛇皮以很高的价钱卖出去，做女人的皮鞋和皮包。这个村子为了纪念他，现在已改名为加州响尾蛇村。

遇到难以解决的问题，你与其死盯住不放，不如把问题转换一下，化难为易，达到解决问题的目的。聪明人可以把复杂问题简单化，不聪明的人可以把简单的问题复杂化。事实上，解决复杂问题时能够化繁为简，就体现了一种新的视角。把自己生疏的问题转换成熟悉的问题，你开启了另一个视角，就会产生一条新思路。

长期以来，许多人习惯于传统的思维方式，喜欢“照葫芦画瓢”，看到别人怎么做就马上跟着怎么做，从来没有自己的思维，从来不考虑要靠自己想出新的角度做事。这种人的事业是注定不会有很大的发展空间的。

1.用思维改变内在

思维是改变自我的内在基础，好方法是解决问题的必要工具。只有运用头脑，积极思考，转换思路，不断开拓出新的做事方法，你才能够在社会中发现、创造更多的机会，实现自己的目标，改变自己的生活。

2.创新思维可以解决问题

寻找解决问题的新角度本身就是一种创新，一种改变，很多时候就是这么看似不起眼的一步，就可能令局面大为改观，让我们看到一片新天地。所以，请记住：换个角度做事，你也许就能够把失败变为成功。

3.转换思路，改变视角

在处理事情的过程中，没有绝对解决不了的难题。有的人之所以陷入僵局，只是因为按部就班，没有更换角度。在这个世界上，从来没有绝对的失败，有时只需稍微调整一下思路，转变一下视角，失败就有可能向成功转化。

智慧启示

成大事者在遇到难题时善于换位思考，即从另外一个角度重新审视自己和环境，以便找到新的人生机遇和突破点。这就是说，换位思考是成功者的手段之一。很多人不敢创新，或者说不愿意创新，是因为他们头脑中关于价值判断的标准已经固定，这使他们常常不能换一个角度想问题。

第09章

发展策略——稳健前进

李嘉诚连续十六年夺得华人首富宝座，这是何等的荣耀。可以想象，在这十六年中，前前后后涌现出无数的创业者，但是，他们无一人撼动李嘉诚华人首富的宝座。如此殊荣，其秘诀在于李嘉诚一直谋求“稳健”发展。

凡事有准备后，再考虑出手

我凡事必有充分的准备然后才去做。一向以来，做生意处理事情都是如此。例如天文台说天气很好，但我常常问我自己，如5分钟后宣布有台风，我会怎样，在香港做生意，亦要保持这种心理准备。

——李嘉诚

当过兵的人，都知道军营里有一句耳熟能详的话：“不打无准备之仗。”简单地说，要想取得战斗的胜利，就必须作好充分的准备，如果准备不充分，打起仗来十有八九是要吃亏的。在这一点上，李嘉诚也是比较赞同的。其实，且不说打仗如何如何，就是在生意中的商业谈判也不例外，每一次谈判都同样需要周密部署，精心准备，这样心中有了详细的筹划，一出招就有可能致胜对方。

对职场人员来说，这确实是不得不学的谋略之术，要记住，与每一位客户的谈判都是一场战役，如果你要想赢得这场战役，就必须做好准备，诸如了解对方的详细资料、背景、产品等，正所谓“知己知彼，方能百战不殆”。

李嘉诚涉足房地产的时候，香港房地产市场已经出现了楼花、按揭等营销方式。作为一个全新的领域，他花费了很长时间来研究楼花和按揭，最后得出结论：地产商的利益与银行息息相关，而地产业的盛衰也将直接影响银行。所以，当自己在做房地产时，过分依赖银行并非是一件好事。

后来，李嘉诚按照利润与风险共存的规律，制订了全新的营销策略：哪怕资金再缺乏，宁愿少建或不建，也不要卖楼花来增进建房的速度；尽可能不向银行抵押贷款，或是为用户提供按揭贷款；针对物业只租不售，谨慎入市，稳健发展。

果然，1961年，廖创兴银行挤提风潮袭来。之前，廖创兴银行由潮籍银行家廖宝珊创建，他同时被誉为西环地产之王。为了加快建房速度，他将银行存户的钱全部投入建房工程中，最终引发存户挤提，而廖宝珊本人最终导致脑溢血死亡。

1965年，明德银号因投机地产发生挤提宣告破产。顿时，香港整个银行业一片凄惨，广东信托商业银行倒闭，连实力雄厚的恒生银行也不得不出卖股权得以保存。由于连带效应，房地产行业一落千丈，地产商、建筑商纷纷破产。然而，李嘉诚因稳健的发展策略，使得他在这次风波中损失甚微。

纵然，商场硝烟弥漫，但是，李嘉诚所崇尚的“不打无准备之仗”同样适宜于生活。它启示我们：凡事需要谋划，有准备才能有胜利的把握。无论是向上司进谏，还是与客户谈判，都需要我们做一定的准备，否则就会失败。

王先生是一家乳制品公司的经理，最近为了让公司产品上市，他每天都往返于各个超市，希望能在市场中占据一席之地。

这天，经过多方努力，王先生和助手终于见到了超市里负责乳品的麦先生。事前，他了解到这是一位傲气而冷漠的先生，果然麦先生本身与了解到的情况一样。按照事先的约定，先由助手跟麦先生谈，可是不到十分钟，谈话就有了结束的趋势。麦先生面有难色：“现在的排面很紧张，你们的产品虽然看上去不错，但现在竞争也很激烈，能不能卖好很难说……”说完，麦先生就要起身了，他说了一句：“这样吧，你先把资料和样品放下，过后我再看看。”

其实，当助手在与麦先生谈话的时候，王先生一直在旁边静静地观察，再结合他事先了解到的情况，对策已经在脑海中形成了。就在麦先生快要起身送客的时候，王先生开口了：“麦先生，我能不能跟你谈一下。”或许，见了太多的老板，麦先生几乎无动于衷，显得很不耐烦。王先生说：“我只耽误你几分钟，如果几分钟内你对我的话不感兴趣，那我们自己走人。”麦先生愣了一下，王先生趁热打铁：“我听说麦先生在专业上很有造诣，我只是想跟你交流一下，你不会拒绝我吧？”麦先生脸上露出了笑容，说道：“好吧，好吧！”

王先生继续说：“麦先生，据我所知，本市的乳制品虽然品种很多，但在包装、质量、口感方面能上点档次的产品没有几个，你同意吗？”麦先生点点头：“是这种情况！”王先生说道：“我想，贵超市也希望在这一类产品中能有一个好产品，一方面可以吸引顾客，另一方面也是你的业绩嘛！”就这样，两人攀谈了起来。后来，在王先生的建议下，麦先生亲自尝了带来的部分酸奶。此时，谈判已经取得了大部分的胜利。

对此，王先生这样总结此次的谈判：“俗话说，不打无准备之仗，在事前做好充分的准备，再在谈判中，出奇招制胜。”事实就是如此，如果你事前不做好准备工作，临到与对方沟通的时候，你就很容易吃亏，任凭你耗尽口舌，对方就是不同意，你之前的努力就化为乌有了。

1.做好准备，出手就能制胜

当然，要打有准备的仗，你就需要做许多的准备工作，也就是说不能急于求成，如果什么都没有准备，就冒然拜访客户，那么这一场“仗”绝对是输。因而，这样的谋略的精髓就是“战前做好准备工作，战中出手要快”，出手就能制胜才是关键。

2.做什么事情都不能冒失

哪怕是请求上司加薪这样的小事情，你也不能冒冒失失就提出。在提出请求之前，需要我们考虑措词、语气、语言表达等，各方面都需要考量，否则有可能一句话不对，上司就拒绝了你的加薪请求。

智慧启示

在每一次做事之前，你一定要做好充分准备，正如李嘉诚所说“不打无准备之仗”，明确自己的目的，想要达到什么样的结果，因为只有确定了目标，你才能把一切因素尽量往有利于自己的方向转化。

顾全大局，胜券在握

未攻之前一定先要守，每一个政策实施之前都必须做到这一点。当我着手进攻的时候，我要确信，有超过百分之一百的能力。换句话说，即使本来有一百的力量足以成事，但我要储足二百的力量才去攻，而不是随便去赌一赌。

——李嘉诚

俗话说：“万事烂熟于心。”如果我们在做每一件事情之前，就将每一步、每一个细节记在心中，这样每走一步，都不会影响整个大局。或者说，在做一件事情之前，需要将之前所做的类似事情联想一遍，仔细揣摩其中的经验教训，这样，我们着手做事的时候，每走一步都是稳健的，它对于整件事情来说至关重要。

1977年，位于香港最繁华地段的中环和金钟站举行兴建投标，引来各地产商纷纷凑热闹。如果能在这最值钱的地皮上竞标成功，不但会带来丰厚的利润，而且还会让公司名誉大增。

当地王招标以来，香港地下铁路公司先后收到三十多个财团，以及地产公司的申请投标。当时，传闻有一家公司会成功夺标。李嘉诚听闻消息之后，他先是花一番功夫了解香港地铁公司中心的情况，意外得知对方希望回笼资金减轻负债。有了对方的需求，再迎合上去，这事情就成了。

于是，李嘉诚先是出售楼宇、发行新股，集资数亿港元现金，以备不时之需。之后，当听闻香港地铁公司与政府达成有关九龙湾车场及邮政总局旧址的批地协议，他当即提出将两处旧址设计成商业中心和写字楼相结合的综合性商业大厦，且打破只租不售的常规。

当然，为了稳住香港地铁公司，他主动提出提供现金做建筑费，而且将商业大厦出售后的利益由地铁公司和长江实业公司分享，且地铁公司占51%，长江实业占49%。

众所周知，李嘉诚驰骋商场数十年，几乎每一步都走得稳当而谨慎，从来没有出过乱子，这到底是什么原因呢？原来，李嘉诚喜欢读书，他从书中知晓了做事的智慧，并将方方面面的历史故事烂熟于心，一旦自己在相关的事上拿不定主意，他就会借鉴历史。这样一来，每向前走一步，他都考虑是否顾全了大局，所以在旁人看来，李嘉诚一生的每一步都是稳健的。

1.同时需要大胆与谨慎

做任何事情都要胆子大，敢于冒险，善于从创新中把握先机。但是另外一方面，还需要谨慎，尽管两者看起来比较矛盾，但其实是一致的。大胆之前需要谨慎的策略，而谨慎策略是大胆行为的保护。

2.顾全大局

其实，这其中蕴含的智慧就相当于下棋一般，在下棋过程中，每走一步，我们都需要考虑顾全大局，如此综合考虑，我们才能赢得整盘棋局。

智慧启示

我们需要学习李嘉诚深谋远虑的智慧。无论是工作，还是与人相处，我们都应该仔细思量事情的始末、细节等，既要着眼于全局，同时也要不放过细节问题。这样，每成功一步，就是向前走了一大步。相反，如果你仅仅着眼于大局，而不考虑细节，稍有不慎，一小步就会毁了整个局面。

思深方益远，谋定而后动

我们中国人有句做生意的话："未买先想卖"，你还没有买进来，就先想怎么卖出去，先想失败了会怎么样？因为成功的效果是100%或50%之差别根本不是太大，但是如果对小漏洞不及早修补，就可能带给企业极大损失。

——李嘉诚

凭着稳健的发展策略，李嘉诚成功收购和记黄埔，成为首位收购英资商行的华人。孙子兵法云："谋定而后动，知止而有得。"意思是说谋划准确周到之后再行动，知道在合适的时机收手，就会有所收获。在现实生活中，我们说话做事，就如同作战用兵，必须做到三思而后行，才能实现"未战而庙算胜"。几乎每一个人都渴望成功的降临，但事实上很少有人能预期获得成功。

有的人盲目行事，心中有了好的想法就马上开始实施，也不经过仔细思考，最终面临惨烈的失败。其实，要想获得成功就必须有周详的谋划，经过一番斟酌，仔细考虑之后再行动，一旦决定了就雷厉风行，这样就很容易获得成功。因为还没有正式开始的时候，你那周密而又认真的谋划已经胜出了，所以付诸于实际行动就很容易获得成功。李嘉诚认为成功需要来自多方面的因素，除了自身的条件之外，最重要的就是周密的策划，这样的"谋定"促成了人生这个大棋盘，只要摆好了棋子，步步为营，就会"运筹帷幄之中，决胜于千里之外"。

在欧洲的货币之战中，罗斯柴尔德的势力大增，巴林家族"第六强权"的地位岌岌可危。1824年，法国政府准备发行国债，这时候罗斯柴尔德家族已经反客为主，巴林家族沦落为参与者，而并不是以前的决策者了。詹姆斯·罗斯柴尔德坐镇巴黎，他召集了伦敦的堂兄弟、法国首相、巴林家族和拉斐特开会，提出了重组法国债务的计划。在会议中，罗斯柴尔德和拉斐特对巴林的意图极不信任，因此两家在协议的补充条款上加上了这么一条：如果巴林退出，他们两家就自己把这笔法国债务处理好，从而将巴林家排挤出处理法国债务问题的核心圈子之外。巴林合伙人在信中告诉正陶醉于政治漩涡的亚历山大·巴林："总的来说罗斯柴尔德家计划周详，非常聪明，手段老到——但是，就像战时的拿破仑一样，一旦有突发状况，他们就会像其他人一样堕入平凡。我真希望我们能摆脱他们的掌控。"

1825年，局势越来越明朗化，罗斯柴尔德家族已经无可争辩地成为国际金融领域新的霸主。在1825年罗斯柴尔德伦敦分行的资本金有114万英镑之多，巴林家族相应的资本金只有49万英镑，不及前者的一半。而罗斯柴尔德家族银行的总资本金高达500万英镑以上。在1825年7月，巴林银行的分红还有12万英镑，一年之后却亏损了56万英镑，巴林家族甚至连第二把交椅的位置都岌岌可危。

罗斯柴尔德终究成为了欧洲霸主，就正如巴林合伙人信中所说"罗斯柴尔德家计划周详，非常聪明，手段老到——但是，就像战时的拿破仑一样，一旦有突发状况，他们就会像其他人一样堕入平凡。我真希望我们能摆脱他们的掌控"。因为罗斯柴尔德谋定而后动，有了较为周密的货币之战计划，所以，他们得以从巴林家族手中夺得了欧洲的经济霸权。

在现实生活中，我们也需要那种"谋定而后动"的意识。学会以理智的态度来对待身边所发生的一切，尤其是面对那些突如其来的变故，更需要冷静地处理，而不是慌乱、盲目地处理。

1.事前需要周密的谋划

世事如棋，谋定而后动。当我们决定要开始做一件事情的时候，谁也猜想不到最后的结果。但是，如果你能针对事情的各个因素作出分析，进行周密的谋划，就一定能预测最后的结果。凡事都应该"三思而后行，谋定而后动"，方能成就大事。

2.在适当机会出手

如果你仅仅是看见了一片叶子，就想获得整座森林，在没有任何计划之前就开始盲目前行，那只会让自己面临失败的下场。所以，当我们在做一件事情之前，就需要先考虑清楚这件事的后果和过程，把一切都算尽，懂得在适当时机出手，我们就会有不错的收获。这是一种人生的大智慧，舍弃盲目的行为，选择谋定而后动，你会发现成功也有不一样的风采。

智慧启示

在处理事情的过程中，是果断地停止还是继续行动，这不是一朝一夕就能做到的，需要历练，也需要时间，更需要风雨的洗礼。所以，凡事需谋定而后动，舍弃盲目的行为，方能铸就成功。

分清形势，未雨绸缪

我常常记着世上并无常胜将军，所以在风平浪静之时，好好计划未来，仔细研究可能出现的意外及解决办法。

——李嘉诚

李嘉诚说：“我会不停研究每个项目要面对可能发生的坏情况下出现的问题，所以往往花90%时间考虑失败。”而且，他在投资时就先设想，投资失败可以到什么程度？成功的多几倍都没关系，因为他曾有投资赚十多倍的，有的生意也做得非常好，相对而言亏本的较少，因为他从来不贪心。由于不贪心，在失败之前又做好准备，以至于李嘉诚在经商过程中总是持续稳健发展，这一点不得不令人佩服。

每每到了危机时刻，凡事不能碰运气，要想停当了再动手。比如在生意场上，每一次运作都会有一定的风险，大胆投资一桩生意，究竟带来的是丰厚的利润还是血本无归呢？在结果没有出现的时候，我们是很难预先清楚知道的，往往是到最后才能见分晓。但是，如果你事先做了周密的部署，分清形势，未雨绸缪，似乎不会出现太大的问题。

太平天国运动纷纷而起，杭州被团团围住，王有龄按照地方官“守土有责”的惯例，率杭州军民坐孤城，直至粮草殆尽，断粮长达一个月之久。当时，城内没有食物，就将药材，诸如熟地、黄精、枣栗、海茎类，都用来充饥。到后来，只能吃糖、吃皮箱、吃草根树皮，甚至，在最后到了尸肉充饥的地步。

为了筹备粮食，胡雪岩冒死出城，到上海买了一船救命的粮食，运到了杭州城外的钢江面，恰逢这时，所有进城的通道都已经被断绝，粮食也无法送进城内，只能远远相望。过了几天，陪同胡雪岩一起到杭州送粮的萧家骥打算进城送个消息，顺便看看是否有可行的办法将粮食运进城里。胡雪岩同意了萧家骥的决定，在出发之前，胡雪岩问道："你怎么样到达对岸，如何进城，在途中若是遇到了敌人该怎么办？"然而，对于这些至关重要的问题，萧家骥却连想都没想，他说："在这种情况下，只能见机行事，碰碰运气了。"胡雪岩回答道："这时候做事，不能说碰运气，要想停当了再动手。"

原来，胡雪岩有自己的想法：在这危急时刻，绝不能碰运气，历尽了千辛万苦买回来的救命粮食已经运到了城外，绝不能无果而返。既然决定冒险进城，就一定要有一个好的结果。城外对城内的情况一概不知，而城外有重兵把守，如果不小心被抓住了，肯定会给予重罚，搞不好还会被杀头。而在城中，没有一个人认识萧家骥，又不能写一个能证明其身份的文书、信函之类的东西在身边，进城去有可能还会被当成奸细呢。这样想来，就应该细细预料进城途中所遇到的情况，未雨绸缪，才能求得一个好的结果。

在胡雪岩看来，萧家骥此次进城，事关杭州百姓的安危，需要三思而后行。毕竟，许多事情之间都存在着千丝万缕的联系，一时的疏忽有可能造成整件事情的失败，所谓"牵一发动全身"，其产生的连锁反映，将影响整个事业，最后导致全面崩溃。胡雪岩正是明白这样的道理，所以在出发之前，才会细问萧家骥到底是如何打算的。

李嘉诚是一个善于未雨绸缪的人，每一次行动前都周密思考，做好了充分的准备。在现实生活中也是一样的道理，先多花些时间，做好完善的硬件设施，未雨绸缪，这样以后才能顺利做好事情。试想，在做一件事情之前，我们就想好了部署，想到了那些预料中的情况，这样，等到真正去做的时候，胜算的概率会不会大一些呢？答案是肯定的，所谓"有备无患"，这才是事情成功的秘诀。

一只野狼卧在草地上勤奋地磨牙，狐狸看到了，就对它说："天气这么好，大家都在休息娱乐，你也加入我们的队伍吧！”野狼没有说话，继续磨牙，把它的牙齿磨得又尖又利。狐狸奇怪地问道：“现在森林这么安静，猎人和猎狗都已经回家了，老虎也不在近处徘徊，又没有任何危险，你何必那么用劲磨牙呢？”

野狼停下来回答说：“我磨牙并不是为了娱乐，你想想，如果有一天我被猎人或者老虎追逐，到那时我想磨牙也来不及了，而平时我就把牙磨好，到那时就可以保护自己了。”

其实，我们在做任何一件事情的时候，都应该未雨绸缪，居安思危，防患于未然。有了充分的准备，再去迎接挑战，我们将有很大的胜算。哪怕事情有了意外的发展，我们也不至于手忙脚乱，而是从容不迫地按照变化的形势而变化。

在日常生活中，我们要想做好一件事情，就必须事先分析形势，学会未雨绸缪。一个人要想有所建树，就必须时刻注意胆大心细，在做任何一件事情之前都必须提醒自己，要三思而后行。

智慧启示

在生活中，许多人抱怨自己没有机会，而当机会来临的时候，却由于没有做充分的准备而与机会擦肩而过，到最后只能后悔莫及。所以，在做事情之前，要学会分析形势，未雨绸缪，才能掌控大局。

做事慎密，防患于未然

扩张中不忘谨慎，谨慎中不忘扩张……我讲求的是在稳健与进取中取得平衡。船要行得快，但面对风浪一定要捱得住。

——李嘉诚

李嘉诚说：“决定一件事时，事先我都会小心谨慎研究清楚，当决定后，就勇往直前去做。”在他看来，与其到头来收拾残局，甚至做成蚀本生意，倒不如当时理智克制一些。毕竟，身处在瞬息万变的社会中，应该求创新，加强能力，居安思危，无论你发展得多好，时刻都要做好准备。

俗话说：“小心驶得万年船。”智慧的处理事情的方法是需要细心，冷静的研究，凡事多想一步，安全就会长久一点。尤其越是混乱的时候，越需要注意这一点。李嘉诚经商数十年，商海浮沉，他却一直能够保持成功者的水准，实属难得。其主要原因就是他比较善于细心行事，哪怕是一件小事，他也会多想一步，这样一来，给自己留下了足够的后路，自然就能保全自己了。因此，对于活跃在社会的我们，更应该学会细心行事，凡事多想一步，我们的人生之路将会走得更远。

曾国藩一生求慎密，他认为凡事不可操之过急。在攻占金陵的时候，他曾五次告诫弟弟曾国荃：“望弟不贪功之速成，但求事之稳适”“专在‘稳慎’二字上用心”“务望老弟不求奇功，但求稳着。至嘱！至嘱！”过了一个月，湘军占领了金陵。如此说，曾国藩的那番嘱咐，对急功贪利的曾国荃来说，确实是一剂攻心药。

曾国藩的战略思想即是“稳慎”，他曾对萧启江说：“阁下一军，向以‘坚稳’二字著名。”有一次，当湘军正在迅速进军的时候，曾国藩写信给胡林翼说：“十一日全军获胜后，罗溪河实已无虞，山内一军，其妙无穷，脑后一针，百病皆除，但此后仍当以‘稳’字为主，不可过求速效。”

关于“慎”曾国藩自有一番理解，他说：“凡吏治之最忌者，在不分皂白，使贤者寒心，不肖者无忌惮，若犯此症，则百病丛生，不可救药。”对曾国藩来说，在战场需要慎密作战，官场上依然需要慎密为官。曾国藩本身就是一个慎密的人，身在官场，需要与不同的人打交道。初入官场的时候，曾国藩并不知晓其中的秘密，他总是处处争强，表现得极为果敢，后来吃了不少亏。他渐渐发现了官场的秘密，因此他做事变得更加慎密起来，十分低调，而且善于隐藏自己。

陈阿姨是一个妇联干部，他们单位开展的活动比较多，因此，邀请领导出席讲话的情况也就比较多。另外，大部分领导工作都比较忙，有时尽管答应参加活动，可临时也会发生变动，这时候就要考验陈阿姨这个活动组织者的能力了。

有一次开会，因为领导有事，开会时间需要向后延迟十几分钟，可是没过多久，秘书就打电话来说，领导有急事不能出席这个会议。以前，领导讲话稿一般是放在秘书那里，陈阿姨只需要等着领导讲话就可以了。这次，陈阿姨多长了个心眼，她提前将领导讲话稿拿到手，以备急用。既然这个领导有事来不了，那就换个领导讲话，这样一来，讲话稿也不用愁了。

或许，我们每个人都听过“亡羊补牢”的寓言故事，羊已经被狼叼走了，才想要修补羊圈，这似乎对事情本身起不了太大的作用。在现实生活中，许多人都是在做着“亡羊补牢”的事情。在事情开始之前，考虑不周到，到事情发生意外时，才想到需要补救的措施，而这时候，事情的发展已经不受自己控制了。因此，为了避免“亡羊补牢”这样事情的出现，我们做事情的时候就应该慎密一点。

做任何一件事情，我们都要考虑周到细致，预料事情可能发生的一切情况，事前就做好应对准备，如此这般，才能做成一件大事。尤其是对于一些年轻人来说，做事情顾头不顾尾，毛毛躁躁，常常缺乏周密的思考，因此，他们常常一事无成。其实，作为上司来说，他更欣赏那些做事慎密的人，这样，他自己也会减少一些心理上的顾虑。

在工作中，有的事情是出乎我们意料之外的，每一件事情都是变化的，没有一成不变的事情。因此，事情的变化将意味着我们计划的变化，懂得灵活处理，事前多准备几个预备方案，如果事情一旦有变，也会有好的安排。当然，要想做一件慎密的事情，还必须得有一个慎密的思维。如果一个人想事情总是那么一根筋，那么，他就很难想得周到。

1.考虑周到

在工作中，做事情不要只顾自己的感受，率性而为，应该想想会不会给同事、上司带来一些麻烦。要想不给别人添麻烦，就需要考虑周全，多方面考虑，多替别人想一想，这样我们做事的成功率就会大一些。

2.防患于未然

面对任何一件事情，我们都要有个预见性，如果自己没有意识到，那么听听旁人的意见也是好的，防患于未然总比出现了问题再去补救更为重要。

俗话说："预则立，不预则废。"比如，当我们要去拜见一位重要的客户，事前若是做好了充分的准备工作，那么，一切问题都会迎刃而解，否则，谈判就将面临着失败。

3."三思而后行"

俗话说："三思而后行。"意在告诉我们，做任何一件事情，都需要仔细考虑。慎重考虑清楚事情可能发生的变化，以防万一，这样我们才能沉着应对。在现代职场中，许多人做事风风火火，全凭着一股劲儿，做事从来不动脑子，这样的人虽然加快了做事的速度，但是他们却常常为冲动的事情而买单。

4.多想一步，安全就多一点

李嘉诚经商那么多年，深知商场的险恶，即使是一件小事，他也会谨慎处理，多想一步，安全就会多一点，越是困境的时候，越需要注意这一点。任何时候，我们都需要谨慎行事，稍有不慎，就会摔一个大跟头，到时候，就难以东山在起了。多学学李嘉诚的谨慎，细心处事，遇到事情多想想，这样，你才有转身的余地。

智慧启示

当我们决定要去做一件事情的时候，需要思考这件事值得不值得去做，如果做了对自己有没有好处，会不会有什么后果。同时，还需要考虑事情的下一步会发生什么，先考虑利弊再衡量思路，做出更有利的选择。

第10章

机会策略——机不可失

李嘉诚十分注重把握机会，在他看来，机会稍纵即逝，抓住了就可以成功。如果抓不住的话，以后有可能也不会有那样的机会，那么自己就将与成功擦肩而过。

善于识别与把握时机

精明的商人只有嗅觉敏锐，才能将商业情报作用发挥到极致，那种感觉迟钝、闭门造车的公司老板常常会无所作为。

——李嘉诚

说到机会，李嘉诚认为，会做生意的人，除了精通取势用势外，还要特别善于发现机会，要能够很好地把握和利用机会，要学会把机会变成实实在在的财富。的确，那些成功者之所以获得成功，并不是因为机会青睐于他们，而是他们善于去发现机会，进而抓住机会。而且，机会只有对于那些善于发现机会并且能很好地利用机会的人，才能成为机会，才能为己所用。培根说："善于识别与把握时机是极为重要的。"

在李嘉诚所在的商界，存在的机会并不少，但唯一缺少的就是发现，李嘉诚作为一个成功的商人，具备了一双"火眼金睛"，抓住了每一次商机，最后终成大事。在现实生活中，机会永远青睐于有准备、有把握的人，只要善于发现机会，其实机会就在我们身边。

年轻时的李嘉诚曾在茶楼当伙计，后来辞职加盟了一家五金厂，主要负责业务推销。由于业绩屡屡提高，赢得老板的青睐。但是，当老板提出为他升职加薪时，他却谢绝了，并提出辞职。

在这之前，李嘉诚已经通过对市场的接触，了解到塑料业开始兴起，而五金业开始走下坡路。而且市场兴起的塑料制品容易成型、重量轻、颜色多样、美观使用，将会代替很多木制品和金属制品，他瞅准了机会，打算去一家塑料公司发展。而李嘉诚在走之前，向老板提出建议转行或调整产品的种类，以适应新的市场。结果，这位老板真的接受了李嘉诚的建议，及时转为生产系列锁，最终幸免于强大的市场冲击。

1950年，李嘉诚创办“长江塑胶厂”，主要生产玩具和家庭用品。果然如他预想的那样，创业初期就“首战告捷”。1957年，李嘉诚注意到“二战”经济复苏，而香港转口贸易进入一个黄金时代，随着人们生活水平的提高，消费水准也大大增高，而塑胶花开始逐步进入市场。于是，在这一年，李嘉诚的长江塑胶厂不再生产玩具和家庭用品，改为生产供家庭装饰用的塑胶花。一时之间，在香港兴起了一阵塑胶花热。

在现实生活中，许多人抱着“天上掉馅饼”的态度，坐等机会的到来，其实机会是需要发现的，在我们身边，可能潜藏着无数的机会，你是否能成功，就在于你是否能发现，是否具有一双慧眼。一个人如果不善于发现隐藏在身边的机会，那么上帝给你再多的机会，也是枉然。

发现了机会，而不选择把握机会，那么最终的结果肯定是惨败。或许，一个人的成功是多方面的，但是，是否能发现机会，抓住机会，将机会占为己用，这对我们能否成功是至关重要的。

胡雪岩说：“做生意要有机会，更要靠过硬的本事。”他善于将发现的机会，经营成一个实实在在的财源。

王有龄捐官回来后，得到了海运局坐办的官缺，就在上任时却遇到了漕米的麻烦，于是，他请胡雪岩帮助自己渡过难关。于此，胡雪岩有了一个奔走于杭州于上海的机会。当时，他所雇用的是阿珠家的船，而阿珠的娘恰好懂一些蚕丝生意，胡雪岩得到了一个请教的机会。他了解到，丝绸纺织需要大量的原料，洋人则需要从中国进口大量的蚕丝，这样看来，做外贸或者销给洋庄，都能赚大钱。在胡雪岩心中，有了做蚕丝生意的念头。

在帮助王有龄漕米的事情中，胡雪岩有幸结识了古应春和尤五。不久之后，胡雪岩又发现了一个机会，原来王有龄调任了湖州知府，而湖州正是蚕丝的主要产地。于是，胡雪岩这个丝绸行业的门外汉开始做起了蚕丝生意，将朋友古应春、尤五也拉了进来，合作大干一场。

其实，说到做蚕丝生意，信和钱庄的张胖子，以及丝行的老板庞二无疑算是沾点边。因为，张胖子经常往返于杭州与上海，似乎比胡雪岩更熟悉蚕丝生意，而有信和钱庄如此雄厚的资本，做生意自然是不用发愁的；再说说庞二，他可是蚕丝生意中的高手，却没能想到控制市场、操纵价格。而他们没有做的，都被胡雪岩做了，原因就是他们没能发现机会。

张胖子和庞二没能发现的机会，被胡雪岩发现了，不仅发现了，而且还将其利用了起来。他利用阿珠家在湖州且熟悉蚕丝生意的关系，出资让阿珠的父亲在湖州开丝行；利用王有龄调任湖州知府的关系，着手生丝收购，又联系了洋商，结交了丝业巨头庞二，做起了蚕丝销洋庄的生意。这样一来，机会被自己所用，想不成功都不行了。

1.抓住有价值的信息

在国外流行这样一个观点：掌握住信息，就掌握了生意的命运；失去了信息，就失去了生存的基础。可以说，一个有价值的信息，一个正确的情报，会促使一笔大生意的成功。

2.了解市场需求

不管做什么事情，都必须了解市场需求，只有知己知彼，才能牢牢把控机会。所以，平日里要多调查事实、分析信息，只有不断充实自己，才能追上瞬息万变的社会。

智慧启示

在现实生活中，并不存在什么幸运之神，机会也从来不主动敲响我们的门，机会从来都是属于那些有准备，敢于拼搏的人，他们发挥自己的能力来把握机会，并很好地利用机会。机会，本是无时无刻不存在，重要的是你是否具备一双火眼金睛。

看准机会，果断出手

只有随时留意身边有无生意可做，才会抓住时机。着手越快越好，这是生意人应该具备的素质。

——李嘉诚

商机抓住了，就能带来滚滚财富；抓不住，财富就会从你身边悄悄溜走。李嘉诚十分注重把握机会，在他看来，机会稍纵即逝，抓住了就可以成功。如果抓不住的话，以后有可能也不会有那样的机会，那么自己就将与成功擦肩而过。在他的经历中，由于机会比较多，成功的可能性自然比常人大了一些，如此他成为了最成功的商人也不足为奇。

机会与成功本来就是密切联系的，但是发现机会与抓住机会并不一样，只有抓住机会才有可能成功。在现实生活中，有的人发现了机会，却犹豫不决，在左右为难中，机会也就消失了。所谓“机不可失，失不再来”，机会并不是你想它来就来的，而是来的时候要抓住它，否则这次机会一旦错过，就没有重新再来的机会了，而巴菲特正是抓住商机的高手。

在投资过程中，巴菲特向来都是看准时机，毫不犹豫地出手。美国运通是全球历史最悠久、实力最强大的公司，1891年它第一个推行了旅行支票，1958年又第一个推行了信用卡，引导了一场信用卡革命。不过，后来这家公司遇到了大麻烦，联合公司是一家大的企业，它用一批据称是色拉油的货物仓库存单作为抵押，从美国运通进行贷款。后来，联合公司宣布破产，清算时债权人想从美国运通收回这笔作为抵押的货物资产。1963年11月，美国运通调查发现，这批油罐中只有少部分装的是色拉油，大部分是海水，银行遭受了重大诈骗，损失估计达数亿美元。假如债权人索赔的话，可能会导致运通资不抵债，顿时这个消息让华尔街一窝蜂地疯狂抛售美国运通的股票。

对此，巴菲特专门走访了自己的家乡奥马哈的餐馆、银行、旅行社、超级市场和药店，发现人们依然用美国运通的旅行支票和信用卡来结账。他根据调查得出这样的结论：这场丑闻并没有打垮美国运通，美国运通的旅行支

票和信用卡依然通行全世界。在全国范围内，它拥有旅行支票市场80%的份额，还在付费信用卡上占有主导的市场份额。

巴菲特意识到这是一次难得的机会，他当即出手了，大笔买入了美国运通的股票。1964年，他将自己管理的40%的资金用来买入美国运通公司的股票。果然，当诈骗犯被抓住并起诉之后，美国运通也与联合公司债权人达成和解，继续正常经营。在后来的两年中，美国运通的股价上涨了3倍，在五年时间里上涨了5倍。

敢为人先，牢牢把握眼前的机会，使得巴菲特做成了一笔盈利的大买卖，虽然有些风险，他却为此大赚了一笔银子。所谓“生意人人做，就看谁占先”，谁抢占了先机，谁就成为最后的大赢家。从发现机会，到真正出手，也不过眨眼工夫，巴菲特深知自己稍有犹豫，就会错过这个机会。于是，他毫不犹豫，马上将这笔生意做了下来，果然结局尽在他意料之中。

李嘉诚十分注重在销售过程中获取信息反馈，从而对整个市场环境形成准确的判断，为自己下一步的行动提供决策性依据。20世纪50年代，李嘉诚从各种信息渠道获知欧洲人喜欢塑胶花，而当时北欧和南欧地区的人们喜欢用塑胶花来装饰房间，而在美洲，人们也用这种塑胶花来当装饰品。所以，在了解这一行情之后，李嘉诚开始生产大量的塑胶花，并远销欧美市场，结果获得了大批的订单，企业的利润也每年增长。

1.抓住机会

通常情况下，当一家经营良好的公司暂时出现问题，市场担心这家公司解决不了问题，盈利能力会下降，于是投资者们纷纷抛售股票，致使股价大跌。在股市中，经常会有一些资金非常充裕的公司，因为临时遇到了大的困难，导致这只股票被市场抛弃。对于许多投资者而言，这样的情况是不容乐观的。股价疯狂下跌会形成安全边际，这正好是低价买入的良好时机。而随着企业解决了问题恢复正常之后，市场会重新认识到企业的盈利能力，而股价也会大幅度上升，投资者自然会大赚一笔。

2.马上行动

面对一个绝佳机会的时候，我们需要马上行动。如果你总是优柔寡断，迟迟不肯行动，下不了决定，最终使自己失去了最佳的机会，让别人捷足先登。这样就会使自己与成功失之交臂。面对每一次机会，要果敢，及时抓住机会，不要拖拖拉拉、犹豫不决。

智慧启示

对李嘉诚而言，信息是做生意的基础。可以说，在新时代的环境下，全世界的信息革命使人类进入了新纪元，不管是哪个国家与地区，都将依赖于信息技术的发展。那么，在这样的情况下，谁发现了有利的信息，谁就等于抓住了成功的机会。

在风暴中寻找机会

设想在风和日丽的时候，你驾驶着以风推动的远洋船，在离开港口时，你要先想到万一悬挂十号风球，你怎么应对。虽然天气挺好，但是你还是要估计，若有台风来袭，在风暴还没有离开之前，你怎么办？

——李嘉诚

李嘉诚所属的长江实业，从来没有遭遇贷款危机。俗话说："乱世造英雄。"李嘉诚并非没有遭遇金融危机，而是他善于去发现隐藏在危机中的机会。乱世，本来就是一片狼藉、混乱，在这样一个糟糕的环境里，怎么会有机遇呢？又哪里会出英雄呢？的确，在乱世中是没有任何机遇发展而言，但是，如果将时机把握得当，自会出人头地。当然，在和平年代没有乱世可言，但是，我们依然可以学习其"危中求机"的智慧。现代社会，竞争日益激烈，一旦危机来临，我们也能从中求到好的机会，这样，变坏事为好事，这才是我们真正的目的。

巴菲特说："当别人贪婪时我恐惧，当别人恐惧时我贪婪。"如何看待乱世？他却这样说："我喜欢乱世，乱世的东西很是便宜，就想一个色鬼来到了女儿国，每次的危机都是一次买入的绝好机会。"他为什么对乱世情有独钟呢？巴菲特作为世界首富之一，他正是在危机中投资股票而发家致富的。

2008年，经济危机席卷全球，在这样一个人心惶惶的时刻。巴菲特却发现了其中的绝好机会，他毫不犹豫地购买了许多公司的股票，比如通用、比亚迪等等。当美国的华尔街陷入一片狼藉的时候，巴菲特却兴致勃勃地开始自己的投资，他趁此机会买下了所有之前一直看好但却没机会买进的股票。

等到经济危机平息后，巴菲特成为最后的赢家，一跃跨入了世界首富的行列。

马云曾说：“作为一个商人，我觉得危机中总会含有机会，我是以非常积极的态度看待金融危机的。”李嘉诚发现了隐藏在经济危机中的商机，并以此跨入了华人首富的行列。其实，我们每个人都是可以的，只要你以积极的态度去看待危机，以敏锐的眼光发现其中的商机，那么成功就是属于你的。谁说只有在顺境中才会成功的机会，事实上，危机越大，机会则越多。在很多时候，我们在危机面前一败涂地，那是因为没能发现其中的绝好机会。

鸿门宴上，虽不乏美酒佳肴，但却暗藏杀机。项羽的亚父范增，一直主张杀掉刘邦，在酒宴上，眼看着如此大好的机会，一再示意项羽发令，但项羽却犹豫不决，默然不应。

于是，范增召项庄舞剑为酒宴助兴，趁机杀掉刘邦，项伯为保护刘邦，也拨剑起舞，掩护了刘邦。在危急关头，刘邦部下樊哙带剑拥盾闯入军门，怒目直视项羽，项羽见此人气度不凡，只好问来者为何人？当得知为刘邦的参乘时，即命赐酒，樊哙立而饮之，项羽命赐猪腿后，又问能再饮酒吗，樊哙说：“臣死且不避，一杯酒还有什么值得推辞的。”樊哙还乘机说了一通刘邦的好话，项羽无言以对，刘邦乘机一走了之。

刘邦部下张良入门为刘邦推脱，说：“刘邦不胜饮酒，无法前来道别，现向大王献上白壁一双，并向大将军范增献上玉斗一双，请收下。”不知已错过机会的项羽收下了白壁，气得范增却拨剑将玉斗撞碎。

在鸿门宴中，其实隐藏一个最好的机会，此时，如果项羽下令杀掉了刘邦，就不会有后来自刎乌江的故事了，而历史也将被重写。但是，项羽本性优柔寡断，迟迟不肯下令，使得眼前如此绝佳的机会失去了，最终，战败于刘邦。

1.辨别机会

许多人不相信在乱世中能有什么机遇，其实乱世就是一个创业和发展的好时机，如果你能够把握适当的时机，就可以在一片乱世中脱颖而出，一举成为乱世中的英雄。机会与成功本来就是密切联系的，但是发现机会与抓住机会并不一样，只有抓住机会才有可能成功。

2.不可错过良机

在现实生活中，有的人发现了机会却犹豫不决，在左右为难中机会也就消失了。所谓“机不可失，失不再来”，机会并不是你想它来就来，而是来的时候要抓住它，否则机会一旦错过，就没有重新再来的机会了。

智慧启示

李嘉诚觉得，许多人总是将危机看做是灾难，心中认定只要危机出现，便会多出许多困难与麻烦。其实，机遇藏在危险之中。对于那些善于把握机遇的人来说，危机并不全是灾难，其中还隐藏着许多机遇。只要抓住了机遇，就一定会成功，似乎隐藏在危险中的机遇带给我们成功的可能性更大一些。

未攻之前先守，等待时机

未攻之前一定先要守，每一个政策实施之前都必须做到这一点。当我着手进攻的时候，我要确信，有超过百分之一百的能力。

——李嘉诚

顺势是眼光，取势是目的，做势就是行动。大多数商人都有这样的毛病：急功近利。毕竟，商人的目的皆是求利，在这样的心理上，他们很容易为了求利，而错过了最佳的时机。对此，李嘉诚却不同，他说："先不必求利，先等待时机。"在做很多事情的时候，李嘉诚都是大手笔投资，旁人看了心疼，他却不以为然。在他看来，作为一个成功的商人，不应局限于眼前的利益，而是要善于捕捉时机。

正是善于捕获机会，使得李嘉诚从一个小小的堂倌跃身成为了华人首富。他经商成功的智慧，运用到现实生活中也是一样的道理。在生活中，做事不应急于求成，你越是着急，就越不利于事情的发展。反之，如果你先不急于求成，事情反而会朝着有利的方向发展。

在晚清时代，许多商人对打仗唯恐避之不及，但胡雪岩却不这么看。在他看来，做大生意，最好的办法就是帮军官打胜仗。他说："只要是帮军官打胜仗的生意我都做，哪怕亏本也要做。要知道这不是亏本生意，是放资本下去。只要军官打了胜仗，时势一太平，什么生意不好做？到那时候，你是为朝廷打败太平军出过力的，公家自会报答你，做生意处处给你以方便。你想想看，这还能不发达？"做生意不必急于求成，而是等待时机，有了这样的看法，胡雪岩积极投入到帮助左宗棠军队的事业中。事实证明，最后他真的得到了丰厚的回报。

后来，在帮助军队筹集粮饷的时候，由于阜康钱庄资金有限，于是胡雪岩打算寻找合作伙伴。出人意料之外，他选择了大源钱庄，在旁人看来，胡雪岩应该选择信和钱庄：一方面信和钱庄资本雄厚，做生意下来肯定会大赚；另一方面，于公于私，信和钱庄都与胡雪岩有着密不可分的关系，之前早已经成了阜康的生意伙伴。对于胡雪岩如此的决定，旁人感到很疑惑，就连档手刘庆生也说："阜康和信和关系非同一般，你为什么不选信和来做？而如果与毫无名气的大源钱庄合作，万一失利怎么办？"胡雪岩却有自己的小算盘，他希望将自己的生意做到最大，要做大生意，肯定是广结商界人士。借这笔生意，且不论利益如何，这笔生意可以扩大自己的商业，无疑是在为自己的生意制造"机会"。

一个人要想成就一番大的事业，不仅需要乘势，更需要等待时机。在机不逢时的时候，唯有等待才是最好的选择。在那乱世年代，胡雪岩大力赞助左宗棠的军队，但他并不急于求成，而是善于等待。等到了太平天国运动被平息，他也就成了有功之臣。在等待中积蓄力量，寻找时机，才能取得更大的成就。

在现实生活中，我们总想做一些事情，却往往做不成。有时候，因为条件不具备，或者一些障碍。在这样的情况下，该怎么办呢？坚持去做，有可能会一败涂地，那么就选择等待吧。暂时先忍耐一下，等待最佳的时机，如此我们才能重新奋起。

有一天，一头驴不小心掉进了一口枯井里，农夫绞尽脑汁想救出它。但是，几个小时过去了，那头驴还在枯井里痛苦地哀嚎着。最后，农夫决定放弃，心想这头驴反正年纪也大了，不值得大费周折去把它救出来，但是无论如何，要将这口枯井填起来，以免其他动物掉进去，同时也好免去驴的痛苦。

于是，农夫请来了左邻右舍，大家一起帮忙将枯井填满。当那头驴了解到自己的处境时，眼里满是绝望，忍不住流下眼泪，并不断在枯井里发出痛苦的嘶叫声。但是，出乎意料之外的是，没过多久，这头驴就安静了下来。农夫好奇地探头往井底一看，出现在他眼前的景象却令他大吃一惊：当铲进枯井里的泥土落在驴身上的时候，它将泥土抖落在一旁，然后站到铲进的泥土堆上面。那头驴将大家倒在身上的泥土全部抖落在井底，然后再站上去，很快那头驴便出现在人们的眼前，大家都惊讶地捂住自己的嘴巴。

当意识到自己将葬身于此，那头驴着急了，挣扎、痛苦地嘶叫，可是这些似乎对事情没有一点帮助。于是，它安静了下来，等待新的机会，没想到伴随着灾难的来临还有机会，它抓住机会，走出了枯井。

智慧启示

在事情尚未成功的时候，智者眼里往往意味着这将是一个潜在的机遇，而愚者却对此无动于衷。所以，成功者从来不急于求成，他们就像猎豹一般默默潜伏时刻准备着，伺机等待机遇重拾成功。

最好的途径是创造机遇

你创造机会，才是最好的途径。

——李嘉诚

俗话说：“不入虎穴焉得虎子。”如果不钻进老虎的洞穴，怎么会捉到小老虎呢；如果捉不到小老虎，又怎会有成功的机会呢。很多时候，机会并不是等待而来的，而是需要我们自己创造的。当然，创造机遇是需要担当风险的，否则，机会不会白白等着你。

在李嘉诚看来，商场就如战场，只要看准了时局的变化，就一定能找到商机，而一旦找到商机，就需要有冒险的精神，否则一切都是白忙活。有的人即使发现了机遇，但如果缺乏一种冒险精神，迟迟不出手，那么转眼间，机遇就到了别人的手里。当然，冒险并不是有勇无谋，而是有勇有谋，在知道这件事不一定会成功的前提条件下，还是鼓起勇气去做，但是，在真正付诸实际行动之前，会制定一个妥善的机会，做好充分的准备，以此避免危险，如此冒险，才能为自己创造机会。相反，若是在走投无路的时候，慌忙采取冒险行为，那结果肯定会失败。

其实，早在胡雪岩在钱庄当小伙计的时候，他就开始了寻找机会，当然，与此同时的是他只有了冒险精神。当时，胡雪岩只是一个小伙计，无钱无权，不过他却冒险将钱庄的五百两银票交给王有龄。按常理说，他似乎没有权力去这样做，毕竟钱并不是自己的，即便是看中对方将来定有所发展，可是无亲无故，何以将这么大笔钱压在一个陌生人身上呢？在这件事情上，胡雪岩就是在冒险，用他的话来说就是赌。最后，恰恰是他的冒险为自己带来了巨大的受益，王有龄捐官成功，成为他日后的靠山。

太平天国大乱，王有龄在杭州被太平军攻破之后，为了避免受辱，保得一世清白，他自杀殉职。在临死之前，他托付自己的兄弟胡雪岩为自己洗刷耻辱。知道好朋友自杀后，他内心悲痛，胡雪岩明白其中深意，收复杭州是王有龄的遗愿，而有能力收复杭州的只有左宗棠的军队。在这之前，胡雪岩听说左宗棠脾气火爆，嫉恶如仇，一向自命清高，而且胡雪岩知道，左宗棠似乎很厌恶自己，这时候他不来找自己的麻烦就是好事了，怎么还会自惹麻烦呢?

可是，为了王有龄的遗愿，他愿意去冒险。不过，冒险肯定不会是去送死，而是要创造成功的机会。于是，他先了解左宗棠的性格脾气、爱好、为人等各方面的信息，并为此做了详细的计划。其实，当时的左宗棠确有置胡雪岩以死地的意思，不过在见面时，胡雪岩的一句话救了自己的命，他对左宗棠说："我一生只会做事，从来不会做官。"原来，这话本是左宗棠的名语，听到这样的话，不想这胡雪岩跟自己的观点一致，高兴之余，他已经忘记了之前的想法了。

就这样，胡雪岩不仅完成了王有龄的遗愿，而且在冒险中创造了一个机会，那就是使左宗棠这位中兴名臣成为了自己的靠山。后来，在左宗棠的帮助下，胡雪岩穿上了黄马褂，建立起了庞大的白银帝国。

似乎胡雪岩的每一次冒险都为自己求得了绝好的机遇。当然，他的每一次冒险都是经过深思熟虑的，在做事之前就进行了周密的策划，即使不能成功，他也能全身而退。不过，似乎好运总是站在胡雪岩这一边，他的敢于冒险为自己日后的事业发展提供了良好的契机。抓住了机会，胡雪岩一跃成了晚清时期最著名的红顶商人。

有人说："美国有很多讨论富人的书，都得出结论证明富人并不比普通人聪明，学识也不一定比一般人多。这些富人之所以能成功，是因为富人们具有冒险精神，或是敢想敢做的精神确实比别人强。"或许，富人并不是成功的代名词，但是他们无疑是成功的代表之一，而冒险精神正是推动他们成功的助推器。

王传福说："最关键的是要有冒险精神。"比亚迪科技有限公司刚刚成立的时候，日本充电电池一统天下，国内的许多厂家都是买来电芯自己组装，这样利润少，几乎不存在竞争。经过一番思考，王传福将目光投向了科技含量最高、利润最丰富的电芯。如此冒险的想法，在国内还无先例。后来，比亚迪公司的镍镉电池销售量达到15亿块，排名上升到世界第四位。之后，王传福投入大量资金开始了锂电池的研发，很快便拥有自己的核心技术，并成为摩托罗拉的第一个中国锂电池供应商。

如果说这是王传福的第一次冒险，那么决定制造汽车将是其第二次冒险。在2003年，比亚迪宣布以2.7亿元的价格收购西安秦川汽车有限责任公司77%的股份，由此成为继吉利之后国内第二家民营轿车生产企业。在2004年，深圳市有200辆比亚迪制造的锂离子纯电动汽车投入出租运营，成为全国第一家电动车示范区，真正实现了尾气零排放。

因敢于冒险，适时抓住了绝好的机遇，在短短七年的时间里，王传福将镍镉电池产销量做到了全球第一、镍氢电池排名第二、锂电池排名第三，年仅37岁便成为享誉全球的“电池大王”，坐拥338亿美元的财富。

智慧启示

其实，冒险与机遇总是结伴而行的，要想抓住机遇，就应该有冒险精神。在生活中，常常有这样的人，还没开始做一件事情的时候，他们就会想：如果失败了怎么办？于是乎，为了不失败就选择了放弃。可是，等到别人成功之后，他会无奈地说：早知道，我也去做了。机遇已经失去了才想到后悔，为时已晚。所以，面对任何事情，我们都要有冒险精神，如此才能抓住稍纵即逝的机遇。

第11章

人脉策略——做事先做人

要想取得成功，就必须要有独特的智慧和过人的人格魅力，只有这样，才能成为一个真正的成功投资者，才能在更深远的意义上获取成功和体验人生价值。事实上，人脉才是李嘉诚通往亚洲首富道路上的唯一指引。

人脉是成功的敲门砖

李嘉诚构筑的庞大商业帝国，有一个不容忽视的人物——庄明月，她既是李嘉诚的妻子，也是其表妹。当时，庄明月的家族在香港是典型的富豪阶层，而李嘉诚年轻时落魄坎坷，父亲早逝，15岁便辍学做工。可以说，迎娶表妹庄明月，成为李嘉诚人生最重要的转折，同时也为其搭建了重要的人脉基底。后来，在庄明月父母的支持下，李嘉诚事业慢慢起步，长江塑胶厂也属于庄明月家族，在庄家的财力支持下，他很快脱颖而出成为世界上最大的塑胶花制造商。

作为投资大师的李嘉诚明白，财富不是一生的朋友，但朋友绝对是一生的财富。正如爱因斯坦所说："世间最美好的东西，莫过于有几个头脑和心地都很正直的朋友。"美国人际关系大师卡耐基说："一个人的成功，专业知识的作用占15%，而其余的85%则取决于人际关系。"人际关系也就是我们经常说的人脉，它是一个人通往财富、成功的门票。

徐静蕾毕业于北京电影学院表演系，中国女演员、导演，与章子怡、周迅、赵薇并称四小花旦，因其自导自演电影及博客点击率在中国大陆地区长期排名第一，有大陆影视圈才女之称。于2007年开设网络电子杂志《开啦》。电影代表作《杜拉拉升职记》，因其书法手写体“清冽而又优雅”独具个性美感，被开发出字库“方正静蕾简体”。但她的星路和同一时期的女明星非常不同，这一点可以从她广布人脉看出来。

徐静蕾在电影学院念书的时候，就结交了著名作家王朔，而在王朔的那个圈子里则有刘震云、梁左、冯小刚等知名大腕，这些大腕在娱乐圈或在文学圈，都是处于主导地位的，是非常有思想的。而徐静蕾并没有凭着这个机会来进军娱乐圈，而是不断地提高自己，熏陶文学气息，再加上她天资聪慧，自然博得了大陆影视圈才女之称。后来徐静蕾开始自己做导演，在她第一部电影《我和爸爸》中，导演叶大鹰是主角，而知名制作人张亚东居然也在剧里客串一把。她的朋友很多，而且所结交的朋友都是导演、制作人，有方兴东、老潘这种在专业领域出类拔萃的，更有韩寒这种“少年作家”。正是这样的人脉关系，使得徐静蕾的星路走得越来越远。

有人总结说：“对于一个人来说，二十岁到三十岁，他靠专业、体力赚钱；三十岁到四十岁，则靠朋友、关系赚钱；四十岁到五十岁，靠钱赚钱。”在一个人的成就里，人脉始终占据着重要的成分。一个人是否能成功，并不在于你知道什么，而在于你认识谁。在好莱坞流行这样一句话，而巴菲特始终相信这样一句话。

胡雪岩喜欢交朋友，喜欢帮助别人。而且胡雪岩交起朋友来，生冷不忌，水陆并陈，没有三六九等的界限，似乎什么人都和他有缘分。当然，胡雪岩的朋友，大多数是生意上的朋友，为着各自的或共同的利益而进行合作，互惠互利，以利益为纽带。他常说一句话“为朋友着想”，实际上就是站在对方的角度充分揣摩对方的需要，照顾对方的利益，并给对方施以恩惠。

当阜康钱庄开业的时候，胡雪岩为了赢得朋友，给那些官太太、小姐等各存了二十两银子，还给黄巡抚的仆人刘二存了银两。刘二拿到了存折，马上在阜康钱庄存了一百八十两银子，还向朋友罗尚德宣传胡雪岩的为人。罗尚德本是绿营兵的小官，因省吃俭用，存了一万多两银子，听了胡雪岩的为人如何讲义气，他连夜赶到阜康钱庄，要求存款，不要利息，不要存折。如此一来，胡雪岩认识了更多的朋友，可谓是广布人脉。

后来，像浙江藩司麟桂、京城官员宝森、漕帮尤五，甚至连湘军将领左宗棠都成为了胡雪岩的朋友。于是，胡雪岩想不成功都难了，一下子成为了朝廷赐封的“红顶商人”。

胡雪岩的一生都在经营人脉，而其丰厚的人脉资源使得他最终获得了成功。一个人若是朋友多，他做任何事情都会感到游刃有余，才有可能为自己事业的成功开拓宽广的道路。相反，一个人若是没有朋友，他定会处处碰壁。广布人脉是一个人成功的砝码，经营人脉资源，学会处理人际关系，不仅能为自己雪中送炭，而且在贵人的帮助下，你的人生有可能会锦上添花。

1.创建属于自己的人脉

有人说：“判断一个人的魅力，只要看看他朋友的多少；判断一个人的能力，只要看他人气的盛衰。”当然，创建人脉资源并不容易，因为获得他人一时的好感很容易，但要永久地获得他人的支持却很难。一个人的人脉取决于其品味、人格，而把握人脉的关键不在方法，不在手段，而在内心。股神巴菲特在任何时候都以诚待人，这是他能广布人脉的诀窍。所以，在日常生活中，要有意识地建立自己的人脉关系，这样你未来的道路才会走得更加顺畅。

2.人情账不宜透支

对于人情储蓄来说，宜储存却不宜透支。你要尽量把人情用在刀刃上，你应该查看自己人情账户上，你与对方的交情究竟有多少，人情有多重，掂量事情的分量，再决定要不要找对方帮忙，千万不能没有轻重缓急。

智慧启示

李嘉诚觉得，在任何年代，人脉的重要性都不可小觑。现代社会，人脉日益重要，正所谓“朋友多了路好走”。所以，在日常交际中，多交朋友，为自己广布人脉，因为这是你成功的开始。

要雪中送炭，不要锦上添花

当别人需要帮助时，你要尽力去帮助；当别人顺风扬帆时，不必随大流凑热闹。

——李嘉诚

朋友有了难处，该怎么办呢？李嘉诚认为应该雪中送炭。在现实生活中，我们经常会碰到这样的情况，有的人唯恐而避之，担心殃及自己，早就躲得远远的；有的人则表现得十分仗义，主动提出帮忙，倾力相助。于是，前者的朋友越来越少，而后者的朋友却越来越多。其实，朋友之间是相互的，今天你帮了他，明天反过来，他也会帮助你。

在生命的旅途中，我们或多或少都会遇到一些困难都不能保证自己将顺顺利利地过一生。这时，你当初怎么对朋友的，朋友也将一并还在你身上，甚至会加倍地偿还给你。朋友有难，应该鼎力相助，如此才能使彼此间的友谊越来越深厚，也才能打动朋友的心。如果朋友之间仅仅是建立在“同享福，不能共患难”的基础上，那么这样的朋友也不会长久。与朋友之间的感情，需要我们努力经营，面对朋友的困难，我们应该主动伸出援助之手，帮助朋友渡过难关，如此才能赢得朋友的信任。

小军与张亮是一对好朋友，小军从事导演工作已经十几年了，但是，最近这些年总是走下坡路。前不久，小军踌躇满志地策划了一部新戏，投入了大部分资金作为启动金，那个作品就像是自己的孩子一样，耗费了他无数的心血。可是，谁也没有想到，眼看着就要开拍了，可是投资方却突然撤资了。剧组所有工作陷入了困境，小军整日沉浸在痛苦中，原来因为自己执意从事导演工作，前几年已经欠下了千万元的债务，这次好不容易找到了肯投资的公司，准备打个漂亮的翻身仗。却没想到投资方了解到了自己的经济状况而选择了撤资。这对他简直是毁灭性的打击。

朋友张亮不知道从哪个朋友嘴里听到了这个信息，马上放下手上的工作，开车来到小军家，一进门就说：“我来给你的新戏投资。”“什么？”

小军满脸惊讶。张亮不懂得演艺事业，以前还经常开玩笑说："那玩意挣不了什么大钱。"现在，他竟然愿意投资。张亮笑了，说道："我是不懂表演，甚至直到这一刻，我也不喜欢它，但是你是我的朋友，好哥们。你现在遇到了困难，我不能袖手旁观。我相信你的眼光，马上就将资金转过来。"听了这话，小军心里暖暖的，由于资金的及时到位，小军的作品如愿搬上了屏幕，并取得了巨大的成功。在庆功宴上，小军举起酒杯向张亮敬酒："你是我这辈子的恩人，我是不会忘记你的。"

人生不如意十之八九，在这个世界上，凡事不可能顺顺当当、安安乐乐，总是会出现一些挫折与困难。这是极其正常的，没有什么值得去抱怨。

1.与其被求助，不如主动帮忙

朋友有了困难，有的人虽有心帮忙，但总觉得朋友还没开口，不如就等着他来向自己求助，有的人甚至觉得只有朋友开口求助了，自己才会帮忙，似乎其中考虑到自己的面子问题。其实，对待朋友，与其被求助，不如主动帮忙，前者是"勉强"，后者才是真正的出于内心的。真正的朋友，不会想到朋友开口向自己求助，而是主动放话："若是有什么需要帮助的，你尽管开口好了，能帮的我一定帮忙。"如此，让朋友感到自己的一片真心，他定会对你允满感激。

2.倾力相助

朋友有难，应该倾力相助，而不是有所保留。虽然，凡事想到自己，这是人之常情，但是若你总是为自己私利着想，即使在面对朋友困难的时候，也想到有所保留，那就显得对不住朋友了。有时候，哪怕我们倾力相助，也不一定能帮上忙，我们所付出的是那份弥足珍贵的心意。因此，朋友有难了，我们应该倾力相助，一旦被朋友知道你并没有竭尽全力，日后他对你多少会有些抱怨。

智慧启示

朋友落难了，千万不要落井下石，这是不仁不义的小人行为，也是极端恶劣的行为。不管朋友是否向你求助，我们都应该主动伸出友好的手，拉他一把，帮助朋友脱离困境。

重视家人，赢得他人的尊重

真正的成功，就是可以陪伴家人。

——李嘉诚

李嘉诚将基金会当做自己的第三个儿子，而且每年都会捐出巨额资金，难道他不重视家人吗？当然不是，李嘉诚与孩子们一直相处得十分融洽，在儿子心中，李嘉诚一直占据着“偶像”位置。长子李泽钜认为，父亲经常为他提供生命旅程中的路标。不可否认，李嘉诚是一个在事业上相当成功的男人，不过他并没有忘记家庭，在事业腾飞的同时，他也兼顾着家庭。他不仅仅是所有投资迷的偶像，也是他们一家人的偶像。我们应该相信这样一个道理：一个重视家人的人很容易得到他人的尊重。当一个连自己家庭都不重视的人，又怎么可能值得信赖呢？

巴菲特说：“衡量一个人成功的标准是真正爱你的人的数目。”当孩子很小的时候，还比较年轻的巴菲特一心扑在工作上，很少过问孩子的生活。有一次，巴菲特下班后习惯性地先走回书房，这时儿子彼得不小心摔倒了，可正在思考的巴菲特竟然从彼得身边直接走了过去。这件事令彼得十分难过，他偶然在书店里看到了《父亲手记》这本书，便要求母亲买下来。回到家后，彼得十分生气地把这本书放在了父亲的桌子上，以此来表达自己内心的不满。看到儿子拿过来的《父亲手记》，巴菲特感到十分愧疚和自责，他开始检讨自己，并开始重视家庭。也就是从那时候起，巴菲特开始记录孩子的成长过程，他每年都会将孩子成长过程中的点滴和自己的感受记录下来，到现在已经有三十多本了。

有一次，巴菲特发现儿子霍华德的体重已经接近两百磅了，这对于一个年轻小伙子而言确实不算是一件好事。巴菲特对儿子说：“你应该减肥了，你的体重应该在180磅左右才是健康的。”正在农场干活的霍华德回答说：“爸爸，算了吧，我想我永远都瘦不下去了。”巴菲特笑着说：“不如我们做笔交易，按照我们的合同，你每年都将农场收入的26%交给我作为农场的租金。但是，从现在开始，如果你能将体重降到182.5磅以下，那么你只需要交给我22%的收入就可以了。”对于父亲的交易，霍华德感到惊讶，但还是答应了。

果然，霍华德的体重很快就降到了182.5磅以下，按照和父亲的约定，他只好将农场收入的22%交给了父亲。关于这次交易，霍华德问父亲：“爸爸，您因为一个玩笑而损失农场4%的收入，对于您这样出色的投资家，不觉得这笔交易您很亏吗？”巴菲特却回答说：“不，亲爱的，我并没有亏，因为我用农场4%的收入换来了一个身体健康的儿子，这是我人生中最成功的一笔交易。”

巴菲特不仅仅是一位出色的投资家，而且还是一位成功的父亲。难怪，他会成为美国人除了父亲之外最值得尊重的人。假如有人还质疑巴菲特的品质，那他可以去看看巴菲特是如何重视家人的，相信在这个过程中，他会一定改变对巴菲特的看法。巴菲特不愧是聪明的投资家，在赢得了家人的同时，也赢得了人们对他的尊重。

1.工作再忙，也要抽空回家

生活中，总有人借口说工作忙，没有时间待在家里。难道你比投资大师巴菲特更忙吗？即便像巴菲特这样的大忙人也可以抽出时间来陪伴家人，更何况我们呢？所以，即便工作再忙，请记得回家看看，因为家才是你永远的港湾。

2.家庭是最后的堡垒

千万不要觉得人际关系所指的仅仅是社会中的一些人际关系，在更多时候，我们还需要搞好与家人的关系。当我们在外受到委屈，伤心难过的时候，家庭永远是我们最坚实的堡垒。所以，维护好家这个大后方，我们才有能力向前冲，才有可能走得更远。

智慧启示

李嘉诚重视家人的行为让儿子们意识到：人生的意义在于用慈善来帮助世界。当然，李嘉诚同时也告诉我们，一个善待他人的人，首先是一个重视家庭的人。判断一个人是真的与人为善，还是虚伪的另有企图的，首先应该看看他对自己家人的态度。

尊重他人，理解他人

不靠言语取悦于人，而靠行动取信于人。

——李嘉诚

李嘉诚认为自尊是每个人必须学会的第一个原则，从小我们就应该学会“站着”，而不是“趴着”去仰望那些大人物，这样所建立的自信心与健全的人格会为我们的一生打下坚实的基础。一个人的心灵世界，是要靠自尊来支撑的，尊严可以带给人自信，也可以改变一个人的命运。而这就是所谓的尊重法则，每个人都是平等的，没有谁能够享受某种特权，因为哈佛人认为，每个人生下来就是平等的，他们都有同样的生存权利。

在哈佛的众多名校长中，劳伦斯·萨默斯是其中任职时间最短的一位，当然并不是因为萨默斯的能力不够，或者说资历不强，而是源于萨默斯在某些方面不懂得尊重人，最终他不得不告别了哈佛大学。

28岁的萨默斯获得了哈佛大学哲学博士学位，在1982 ~ 1983年，萨默斯曾受雇时任总统里根经济顾问委员会。1983~1993年，萨默斯受聘为哈佛大学经济学教授，而且他成为哈佛大学历史上最年轻的终身教授。1991~1993年，萨默斯在世界银行贷款委员会担任首席经济学家，1999~2001年，萨默斯担任克林顿政府第71任财政部长。在美国历史中，萨默斯是一位名声显赫的人物，然而正是这位声名赫赫的大人物，却惨遭哈佛大学的“滑铁卢”

萨默斯是一个习惯“信口开河”的人，而就是这一习惯让他付出了惨重的代价。2001年，年仅47岁的萨默斯接任哈佛校长，在就职期间，萨默斯不经意说了一句：“女性先天不如男人。”顿时，这一观点被斥责“性别歧视”的论调，在哈佛大学引发了一场“反萨默斯”风潮。这样形成的后果是，萨默斯与同事关系紧张，严重影响了哈佛大学的团队精神。在一次投票中，哈佛的教职员纷纷向萨默斯投下了不信任票，在这样的舆论压力下，萨默斯只有主动辞职，而他是历届哈佛校长中就职时间最短的一位。

虽然，劳伦斯·萨默斯在美国社会是一位赫赫有名的人物，但是在哈佛大学，他不能享受一丝特权。萨默斯作为哈佛大学的校长，他有管理学校的权力，同时他又承担着相应的责任，他的言行举止将必须接受哈佛广大教职员的监督，所以在教职员的不信任票中，萨默斯被迫离开哈佛。哈佛民主治校的人文精神是“反对特权、崇尚平等”，几乎每一位哈佛学子都渴望在平等中获得尊重。而萨默斯一句不尊重女性的话，最终导致了其威望值下降。

纽约商人看到一个衣衫褴褛的铅笔推销员，出于内心的怜悯，纽约商人塞给那人一元钱，但是，过了一会儿，纽约商人意识到自己的行为伤害了对方的自尊。于是，纽约商人返回来，他从铅笔推销商那里取出几支铅笔，并解释道：“不好意思，我忘记取笔了。”然后，他又说道：“你和我都是商人，你有东西就要卖给别人。”几个月过去了，纽约商人再次遇到了那位卖笔人，这时那卖笔人已经成为推销商。他感谢了纽约商人：“你重新给了我自尊，告诉了我，我是个商人。”

我们应该记住：在日常交际中，尊重永远是社交的第一要素，在任何时候，面对任何人，我们都要学会尊重。

智慧启示

弗洛姆说：“尊重生命、尊重他人也尊重自己的生命，是生命进程中的伴随物，也是心理健康的一个条件。”只有真正学会尊重他人、尊重身边的每一个人，我们才能得到他人的尊重，最终我们才能与他人建立起融洽和谐的人际关系。尊重，它如同一把火炬，在心灵与心灵之间传递着信任与爱；尊重，它又如同一把金钥匙，能打开所有上锁的灵魂。

交友莫以利益为前提

善待别人就是善待自己。

——李嘉诚

虽然朋友之间存在着互惠互利的关系，但是当你在结交朋友的时候，千万不要以利益为前提。我们应该明白朋友与合作伙伴之间的区别，朋友是以感情为基础的，而合作伙伴才是以利益为基础的。如果你仅仅是因为利益而结交朋友，那迟早有一天朋友会看穿你的真面目，到时候就会对你避之而唯恐不及，你不会拥有一个真心的朋友。即便是你结交了朋友，在你们之间也不要存在太大的利益关系，因为利益关系的结合是经不起打击的，当遭遇了困难、逆境的时候，朋友就更容易背弃对方，这时候彼此之间的友谊也经不起利益冲突的考验。而朋友之间若是建立在信任的基础上，这样的关系就会更牢固，即使在逆境中也会互相帮助、同舟共济。所以，朋友是需要用信任和情感去结交的，请一定要切记：交友莫以利益为前提。

千金难买朋友情，足以见得朋友之间是需要感情去维系的。有的人喜欢以利益为前提去结交朋友，当他交友的时候，就会有意识地了解他的身价底细。如果对方有权有势，那么他很乐意结交；如果对方什么都没有，他就会嗤之以鼻。还有的人交朋友也讲究“门当户对”，他们总是摆出一副高高在上的样子，不可一世，在他们看来，只有与自己的身份、家境、能力、财力相匹配的才可以做自己的朋友，否则只能以外人相待。

这样以利益为前提交朋友的人，他们永远也无法交到真正的朋友，因为他们任何时候都在计较利益的得失，他们与朋友之间只存在利益关系而没有朋友的情感。真正的朋友，没有贫富之别，有的只是真心一片、以诚相待。这样的友谊因为建立在感情的基础之上，所以倍显坚固，能经受住风风雨雨的洗涤。人生得一真朋友，足矣！

美国《财富》杂志曾这样介绍李嘉诚的成功，说他是“靠与友人合作投资和贸易生意发迹”。李嘉诚自己也曾说：“我做生意一直抱定一个信念，就是不投机取巧，而是以诚待人。”李嘉诚深谙交友之道，他在生意场上有很多朋友。

他曾经说：“人要去求生意就比较难，生意跑来找你，你就容易做。那如何才能让生意来找你？那就要靠朋友。如何结交朋友？那就要善待他人，充分考虑到对方的利益。”“我觉得，顾及对方的利益是最重要的，不能把目光仅仅局限在自己的利益上，两者是相辅相成的，自己舍得让利，让对方得利，最终还是会给自己带来较大的利益。占小便宜的人不会有朋友，这是小的时候我母亲就告诉我的道理，经商也一样。”要想在尔虞我诈、弱肉强食的商界里善待他人，很多人都认为是不可能的事，但这却是李嘉诚一贯的处事态度。

1991年秋，李嘉诚收到一位姓丁的英国华侨的来信。在信中，姓丁的华侨向李嘉诚陈述了自己所处的困境，表达了万念俱灰的心境。按说，李嘉诚平时日理万机，有很多重大的事情需要应酬和处理，根本无暇顾及这样的来信。但李嘉诚却亲自复信，并给予一定的物质资助。

李嘉诚在信里表达了自己的诚恳之心：人生起伏无常，尤其从事商业。穷人易做，穷生意难做。所以你们现在面临的困境，只是数千年来亿万生意人曾经面对的苦痛的一部分。但如果明白大富在天，小富在人，如果肯勤勉地面对现实，尽心经营，则如俗话所说：“山穷水复疑无路，柳暗花明又一村。”说不定不久你们又有一个新的局面。即使一切都不如意，退一步想，则海阔天空。以今日英国的工资水平，最大不了，多找一份职业，生活应绝对无问题。留得青山在，不怕没柴烧。送上500英镑，请你俩一顿晚餐。想想明天会更好，想想世界上有多少更苦的人！

李嘉诚之所以有今天的成功，除了他有着卓越的管理才能，还有就是他不以利益结交朋友。而且，他还善于结交自己的合作伙伴，不重利益而重情感，他一贯的处世态度让他最终赢得了成功。

智慧启示

李嘉诚说：我想通了，以这样的勤劳，肯去求知，肯常常去想创新，节俭自己，对人慷慨，交朋友，有义气，又肯帮人，自己做得到的，尽力去做。如果按这条路走，迟早一定有某一程度的成就，应该生活无忧。当生意更上一层楼的时候，绝不贪心，更不会贪得无厌。面对这个商界的奇才，我们除了惊叹外还有无限的敬佩。

与优秀的人成为朋友

香港汇丰银行，一直以来都是与港英政府保持着特殊的关系，使得它在香港金融业具有垄断性的特权地位。在香港做生意，假如不能与汇丰等英资银行建立良好的关系，就不可能拥有巨额的资金来开发房地产。而英国人沈弼在20世纪70年代担任香港汇丰银行董事长，在港英政府时代，汇丰银行作为香港英资垄断财团的翘楚，其实控制着整个香港的经济，而汇丰银行董事长则是香港的实际统治者。李嘉诚与沈弼私交甚好，这无疑为其后来的商业拓展奠定了人脉基础。

李嘉诚一直认为，结交什么样的朋友，对一个人的一生是十分重要的。对李嘉诚而言，妻子庄明月和沈弼都是其一生之中不可缺少的朋友。中国有句古话："近朱者赤，近墨者黑。"这句话说明了朋友对一个人的影响，假如我们想了解自己的朋友，可以通过一个与他交往的人去了解他。比如，一个饮食有控制的人不会和一个酒鬼混在一起；一个举止优雅的人不会和一个行为粗鲁的人交往；一个洁身自好的人不会跟一个自甘堕落的人交朋友。好的朋友就好比一个良好的环境，可以让我们也变得好起来。

希拉里早年在卫尔斯利女大读书，在那里聚集着全美成绩优秀的学生，但是她们并不是全美学习最好的学生，学习最好的学生去了哈佛大学。刚刚进入卫尔斯利大学的希拉里感到了挫败感，自己一直到高中毕业都是周围人眼中的好学生，在学校备受瞩目，但现在却 “沦落”为无人理睬的普通学生。不过，希拉里并没有被挫折感击倒，她想用哈佛学子的学习方法来提升自己，使自己成为卫尔斯利的第一名。

但是，哈佛学生一直以排外出名，其秘密学习俱乐部从来不接受外校的学生。于是，为了进入哈佛大学的秘密学习俱乐部，希拉里决定成为这个俱乐部成员的女朋友。过了一段时间，希拉里就成为了哈佛大学三年级杰夫·希尔兹的女朋友，接着她又结识了男友的朋友，没过多久，她就成为了男友所在的“哈佛书呆子俱乐部”的非正式成员。在与哈佛学生的相处过程中，希拉里学会了新的学习方法和辩论方法，正是这一段不寻常的学习经历造就了希拉里最后的成功。

希拉里善于为自己创造一个良好的环境，那就是认识比自己更优秀的人。当大多数女生都与自己水平相近的朋友们在一起对明星或者男生、美食或者时尚津津乐道，消磨时光的时候，希拉里却在和哈佛高材生们对政治、理念、时事等各类深刻的问题展开激烈的讨论和辩论。事实证明，这一招是管用的，因为我们可以从那些优秀的人身上学到更多的东西。

巴菲特可以说是世界闻名的投资大师，不过，其朋友芒格却是很少有人知道，这位芒格先生是伯克希尔公司的董事会副主席，虽然他经常与巴菲特一起出席公众场合，但大多数情况下都是巴菲特一个人在那里高谈阔论，而芒格总是沉默不语。千万不要小看了巴菲特这位朋友，在巴菲特所创造的许多经典投资案例中，有很大一部分的功劳应该是芒格的。就好像巴菲特大儿子霍德华曾说：“我爸爸是我所知道的‘世界上第二聪明的人’，第一是谁？当然是芒格。”

1975年，巴菲特与芒格开始正式合作。刚开始的时候，巴菲特在投资中一直推崇“廉价股”，他认为这是最好的赚钱方法，当然这样的一种投资方式在早期也收获了不少。不过，作为合伙人的芒格表示，随着经济的不断发展，投资市场上的“廉价股”会越来越少，他认为巴菲特的投资方式并不是万能的。芒格觉得，假如一家公司的赢利足够好的话，即便它的股价再高一些，也是值得购买的。同时，芒格还说道：“在投资时要注重公司管理者的素质，假如一家公司的领导层是一群有抱负、善于管理的人，那么这个公司一定能有一个光明的前景。”

事实上，在投资这条路上，朋友芒格确实给予巴菲特很大的启示。对于芒格的这些理念，巴菲特自己作出了肯定的评价，他说：“他把我推向了另一个方向，我以非同寻常的速度从猩猩进化到人类。”

俗话说：“三人行，必有我师焉。”优秀的朋友可以帮助我们进步，他们的智慧、知识、能力等可以成为促使我们前进的能量和源泉，让我们获得一些终身受益的东西。

智慧启示

李嘉诚说，假如年轻人受到良好的影响和明智的指导，谨慎地运用自己的自由意志，那他们就在身边寻找比自己优秀的人作为自己的榜样，努力去模仿他们。与比自己优秀的人交朋友，就会从中吸取营养，使自己得到长足的进步。

第12章

巧借策略——东风好借力

做事的过程中善于借助他人的力量的人也是一个聪明的人。当自己的力量还没有足够强大的时候，借助他人的力量，是走向成功的捷径。而对于李嘉诚而言，在构筑商业帝国的过程中，他很擅长借力做事。

借助贵人之力，事半功倍

如果没有那么多人替我办事，我就算有三头六臂，也没有办法应付那么多的事情，所以成就事业最关键的是要有人能够帮助你，乐意跟你工作，这就是我的哲学。

——李嘉诚

李嘉诚一生之中有两个贵人：妻子庄明月和前汇丰银行董事沈弼。恰恰是这两个贵人，成为李嘉诚走上成功之路的关键。如果有人告诉你“今天将有贵人光临你身边”，你会相信吗？许多人似乎并不相信生活中会存在“贵人”这样的好运，然而贵人光顾还真的会给当事人的生活和命运带来意想不到的影响。所谓的贵人，实际上就是赏识自己的人。或许，一个人不努力，缺乏真本事，别人不可能来赏识、栽培你，即便有人来推举你、提拔你，最后也会因为你缺乏能力而作罢。不过，假如是真的有本事的人，一直没有人来赏识你，那是否也容易受委屈呢？有本事而又愿意努力的人，加上有人提拔，会不会平步青云、早日获得应有的表现机会呢？尤其是年轻人，他们未来的成功虽然离不开自身的努力，但假如善于借助贵人的帮助，将会事半功倍。

安妮在著名跨国公司工作，英文极佳，自诩用英文写东西比中文还清楚。安妮大学毕业后，应聘进了著名的跨国公司，自知英文很差，便死记硬背了所负责产品的英文解说词。有一天下班后单独留在公司，办公室进来一个中年人，找了个座位坐下来就开始用电脑工作。

这时，一个客户的电话打进来，正好碰上是安妮所负责的产品，因为熟练，她流利地用英文“精彩”了一番。电话接完，中年人抬起头，说了一句：“你是安妮？英文很棒嘛！”

几句话聊下来，安妮才得知，眼前的是大中国区的董事长。从此以后，受到大老板夸奖的安妮信心大增，英文进步很快。而董事长也常常问起那个英文很棒的女孩子工作如何，出色与否，引得安妮的老板及同事们惊讶无比。然后就是在董事长的光辉照耀下，灰姑娘变天鹅之类的职场故事了。

年轻人初涉职场，在职场上抓住身边的贵人，是职业发展的窍门之一，同时也是职业成功较高的标志。贵人就是可以带给自己好运，能够给自己提供帮助的人，能够给自己排除危险和危机的人。当然，贵人大多是有能力和身份的人，在自己的朋友圈中，假如你是最成功的一个，你就难以成功。跟冠军在一起，自然容易成为冠军；与普通人混在一起，时间长了，你也就变普通了。与优秀的人和成功者进行交往，这就是年轻人应该做的，因为你的贵人也许就在这群人中间，别怕与大人物打交道，有时你只是需要一些勇气。

布朗说：“使我自己无所不在并不是个苦差事，我喜欢这么做。当然了，跟那些掌权的人保持一种亲密的工作关系也不大可能有损我的事业，我从来不理解为什么其他人不这么做，结果使公司离开了他。”布朗是老板比利·盖次器重的员工之一，我们来看看他是如何赢得上司的青睐的。

从布朗被盖次公司录用的那一刻起，他就认为自己是一个“盖次”人了。在这之前，布朗应聘了许多家大公司，但那些公司都要求与众不同的教育背景，而盖次更看重业绩，鼓励实干，若是有博士生与中学辍学生一起工作，他也会一视同仁。对公司这一点，布朗很欣赏，他觉得那是自己应该待的地方。

每天，布朗早上上班，除了老板比利·盖次，比其他人都早。这时，如果比利想抽支烟或者谈谈昨晚的足球比赛，只有布朗在办公室，所以比利就跟布朗聊。从聊天中，布朗了解到比利所担忧的事情，他总是能够为之建议出好的解决方案来，因此布朗在26岁的时候，就成为了老板比利身边的红人。

年轻人之所以容易失败，是因为不善于和前辈交际。第一次世界大战时法兰西的陆军元帅福煦曾说过："青年人至少要认识一位深谙世故的老年人，请他做顾问。"萨加烈也说了同样的话："如果要求我说一些对青年有益的话，那么，我就要求他们时常与比自己优秀的人一起行动。就学问而言或就人生而言，这是最有益的。学习正当地尊敬他人，这是人生最大的乐趣。"

不少年轻人总是乐于与比自己差的人交际，这确实很容易得到安慰，因为在与朋友交际时，能借此产生优越感。但是，从不如自己的人身上，明显是学不到什么的。而结交比自己优秀的朋友，可以促使自己更加成熟，我们可能会从比自己差的人那里得到安慰，不过也必须从比我们优秀的人那里得到帮助。

一个人的生命中有贵人出现，是成功道路上的一大转机。一切从困厄到顺利的转变，都将随着贵人的出现而发生。年轻人只有凭借贵人的帮助，事业才会拨云见日、步步高升。可以说，借贵人相助，是赢得成功最简捷、最有效的途径。

智慧启示

年轻人不管有多么聪明，具备多么优越的条件，假如没有人帮助你，或者有人故意刁难你，那你就很难成为一名成功人士。每个人都盼望遇上贵人，但经常会有人感叹自己运气欠佳，一辈子遇不上一个贵人。实际上，这并不是因为你运气欠佳，而是你还没有敞开容纳贵人的心灵之窗。

借助外力，以巧取胜

我这棵小树是从沙石风雨中长出来的，你们可以去山上试试，由沙石长出来的小树，要拔去是多么的费力啊！但从石缝里长出来的小树，则更富有生命力。

——李嘉诚

李嘉诚将自己比作从石头缝里长出来的小树，从石缝里生长出来的小树，借力生力，以巧取胜。从小我们就被教育要个人奋斗，自己的事情需要自己去做，不要把希望放在别人的身上，凡事都要自力更生。虽然，我们从来没有否定个人奋斗的重要性，但当我们个人付出了很多的努力却难以得到回报的时候，就会难免产生一种忧闷的情绪，甚至灰心丧气、一蹶不振。实际上，假如我们从另外一个角度去想，如何借力行事，从而永远保持着积极向上的心态，这无疑是一条通往成功之路的捷径。当然，这样的借力行事，并不是说我们完全摒弃了个人奋斗，任何事情都需要依靠外力来帮忙。真正的借力行事，就是在我们努力的基础之上，巧妙外借他人之力，以此来达到我们所想要的结果，这就是人生中的大智慧。

荀子在《劝学》中说道：“假舆马者，非利足也，而致千里；假舟楫者，非能水也，而绝江河。君子生非异也，善假于物也”。寥寥数语就道出了人生的大智慧，君子其实与其他人并没有大的差别，就是因为他们善于借助和利用外物而已，这就是一种善于借助外力的大智慧。因为一个人的能力往往是有限的，你就必须借助外界的力量来达成自己的目的，借他人之力来促使自己成功。

在现实生活中，一个人要想成就一番事业，仅仅凭他单枪匹马是很难获得成功的，他或多或少都会依靠外来的力量，比如地位、名望、财富或者权力，否则他就会显得举步维艰。比尔·盖茨曾经说：“一个善于借助他人力量的企业家，应该说是一个聪明的企业家，在办事的过程中善于借助他人力量的人也是一个聪明的人。”因此，在人生的路途中，当你觉得一个劲儿地向前冲并不能为自己解决问题时，就要学会舍弃一些坚持，一个人横冲直撞并不能成功，必须借助他人的力量来增强自己的力量。

成吉思汗被世人赞为“一代天骄”，可是成吉思汗在历史上几次大规模的战争中都处于劣势，为什么大多数都以胜利而结束呢？

其实，成吉思汗善于利用外力来为自己打天下。他利用了札木合、王罕与蔑儿乞人之间的宿怨，利用塔塔儿人与王罕的旧仇，利用札木合与王罕之间的新隙，成功地分化了阿兰人与钦察人，然后各个击破，最后征服了整个东欧草原。他在对付每一个敌人的时候，利用敌人内部矛盾，如利用札木合与他一些下属的矛盾，利用王罕父子的矛盾等。在扩张过程中，他利用金夏之间的矛盾，攻下西夏，从根本上清除了两国联合御敌的可能；而在攻打曲出律时，他又利用西辽的阶级矛盾与宗教矛盾，分化瓦解了曲出律的势力，使强大的西辽变得不堪一击。

每当成吉思汗征服了一个地区，就把所俘获的俘虏杀了，妇女掳为己有，将儿童抚养长大就成了蒙古的新生力量，不杀的男丁、士兵则编入了军队，充当伪军去进攻敌人。所以，在蒙古大军的扩张过程中，成吉思汗的军队不少反而多了起来。另外，他还常用俘虏去攻打敌人，当攻下了一个地方之后，他就把那些俘获的百姓放在军队前面，让那些百姓充当挡箭牌，一般守城的人见了自己的同胞都会手软，不忍下杀手，自然大大减轻了对方军队的战斗力。

成吉思汗借助了敌人的力量，成就了一代天骄的美名。在他兵力还不是很雄厚的时候，他就先后联合了草原雄鹰札木合和王罕，依靠联合他人的力量来成就自己的事业，最后成为了草原霸主。事实上，许多历史上成大事者都很善于借助他人力量来使自己获得成功。三国时期，草船借箭的故事几乎家喻户晓，试想如果当时孔明坚持自己造弓箭，那肯定会以失败告终，所以他借助外力完成了任务，也让周瑜刮目相看。

无数的例子告诉我们，借力行事成为通往成功之路的法宝。我们一个人的力量毕竟是有限的，而你要想在人生的道路上获得成功，除了靠自己的努力奋斗之外，有时候还需要借助他人的力量，就像是三月里的风筝，凭借好风力，才得以望尽大好河山。所以，在必要的时候，我们要放下“一意孤行”的固执，而善于借助外力来获得成功。

孙中山曾说过：“世界潮流，浩浩汤汤，顺之者昌，逆之者亡。”世间的任何事物都有其规律可循，只有顺势而为，才能事半功倍，即使是伟人，他们也不能逆势而为。

智慧启示

自古以来人们就讲究“天时、地利、人和”，方能成就大事。实际上，这都是借外力而为，顺势成事才是真正的大智慧。所以，当我们直接前行却难以取得大的成就的时候，不要太过坚持，借力行事，顺势而为之，必将成大事。

借助威名，扩大影响力

他们通过自己的活动为社会作贡献，社会也回报他们以崇高荣誉和巨额财富。

——李嘉诚

李嘉诚在整个华人圈，是鼎鼎有名的商人。尽管他不看重一个人的名声及威名，不过当他成立基金会时，他毫不犹豫地使用了自己的名字。李嘉诚基金会更有系统地资助香港及世界各地的慈善服务，基金会主要捐款给教育、医疗、文化给其他公益事业。李嘉诚以自己的名声，成立基金会，希望能借助自己的威名将慈善事业传播出去。

众所周知，一些诸如名人、权威的影响力是巨大的，假如我们在做事时巧借其影响力，那岂不是如虎添翼呢？在1964年，尼克松在大选中败给了肯尼迪，百事可乐公司认准尼克松的外交能力，以年薪10万美元的高薪聘请尼克松为百事可乐公司的顾问和律师。最后尼克松接受了，利用自己当副总统的关系，周游列国，积极兜售百事可乐，最后使得百事可乐在世界上的销售额直线上涨，特别是尼克松还帮助百事可乐占领了中国的台湾市场。这就是借助名人效应的故事。

汉高祖刘邦共有八个皇子，为了争夺太子之位，展开了子与子、母与母之间的明争暗斗。刘邦有位爱姬戚夫人，她想要刘邦废除太子，改立自己的儿子如意为太子。可吕后想保住自己的儿子刘盈的太子地位，于是她找张良帮忙。张良献上一计："皇上一直想招聘四个隐居的贤人出山，但他们始终不肯，若将他们迎为宾客，太子常请此四人赴宴，必会被皇上看见而问其原因。"果然不出张良所料，高祖以为刘盈为人恭敬仁孝，天下名人慕名而来，终于打消了废去太子的念头。

刘盈的成功完全是因为借助了四大贤人的盛名，借助他们的名望保住了太子的地位。一个人的力量毕竟是有限的，更何况是一个手无缚鸡之力的女人呢？对我们普通人而言，更需要借助他人的力量来获得成功。

美国心理学家们曾经做过一个实验：在给某大学心理学系的学生们讲课时，向学生介绍一位从外校请来的德语教师，说这位德语教师是从德国来的著名化学家。试验中这位"化学家"煞有其事地拿出了一个装有蒸馏水的瓶子，说这是他新发现的一种化学物质，有些气味，请在座的学生闻到气味时就举手，结果多数学生都举起了手。

本来那只是没有任何气味的蒸馏水，但由于"权威"的心理学家的语言暗示而让许多学生都认为它有气味。通过这个实验，直接体现了人们所具有的"安全心理"，同时人们还有一种"认可心理"，也可以称为"崇拜心理"，他们总认为自己的言行要与权威人士保持一致，自己只有相信权威人士的言论，才能得到各方面的认可。所以，这两种心理就诞生了权威效应。

在现实生活中，利用"权威效应"的实例很多，比如在做广告时请权威人物赞赏某种产品，在辩论时引用权威人士的话作为论据，等等。相传，南朝的刘勰写出《文心雕龙》后由于无人重视，他想请当时的大文学家沈约审阅，但沈约却不予理睬。后来他装扮成卖书人，将作品送给沈约。没想到沈约阅后评价极高，于是《文心雕龙》成为中国文学评论的经典名著了。

1.借用名专家的话，比如"某专家认为"

很多健康专家认为，晚上身体往右侧睡才是最健康的睡姿。于是，当你在向朋友或家人证实这言论的真实性的时候，不妨可以这样说："健康专家都这么说，难道还有假？"比如，在每一只牙刷上面都会标明"牙医建议，三个月更换一只牙刷"。

2.借用位高权重人士的话，比如"市长认为""国家主席说"

最近几年国家经济飞速发展，但物价也猛涨，对此，国家权威人士表示会抑制部分经济泡沫。于是，邻居大妈可能更愿意相信物价不跌反涨，你就可以搬出权威人士的话"央行行长都发话了，要出台一系列措施，抑制物价……"

3.借用各行业权威人士的话

每个行业都有相应的权威人士，比如文学领域里的茅盾、鲁迅，艺术领域里的梵高、贝多芬，等等。当我们再强调语言是多么重要的时候，不妨搬出语言大师林语堂的言论"语言不是一般的工具，使用起来不同于其他工具"。

4.借用上司的言论婉拒对方

很多时候我们不知道该如何拒绝，可以借助上司的言论进行拒绝，比如"前几天经理刚宣布过，不准任何顾客进仓库，我怎么能带你去呢"，或者说"这件事我做不了主，我会把你的要求向领导反映一下，好吗"。

智慧启示

名人效应是一种常见的社会现象，同时也是令人梦寐以求的无形资产，只要我们找到了"借"的好点子，那就获得了打开"宝库"的金钥匙。聪明人要想在事业上获得成功，除了靠自己的努力奋斗之外，还需要借助他人的力量，只有"好风凭借力"，才能"送我上青云"。

善借智慧，衍生创意

一切伟大的行动和思想，都有一个微不足道的开始。

——李嘉诚

李嘉诚做事不会生硬地去模仿别人，不过他会敏锐地发现他人思想中的亮点，并为己所用。在生活中，我们会听到别人思维中的好点子，我们所需要做的就是整合各种信息和智慧，让它们附在自己的奇谋妙计之中。我们应该明白，绝妙的思考不会是空穴来风，必须是众多知识、观念的整合、提炼。也许，他人的智慧可能就是激起你灵感火花的那一源泉。现代社会越来越开放，信息传播越来越快捷，企业的结构越来越庞大，专业分工越来越精细，仅仅依靠一个人单枪匹马闯天下的时代已经成为了过去，如果我们想要成功，那就要借助他人的力量而不是自己一个人的孤身作战。换而言之，就是要调动外界的一切能为我所用的资源，从而提高自己的做事效率，快速达到自己的预定目标。

谁又能想到，今天大街上流行的牛仔裤的产生是源于140多年前淘金者的借用外力之举呢？

当年美国的淘金热将很多有发财梦的人们吸引到了西部，1850年，利瓦伊·施特劳斯还是一名商贩，他随着淘金者来到了西部经营帐篷等淘金者需要的商品。有一天，一个淘金者抱怨说，他们最需要的是结实的裤子而不是别的东西。利瓦伊灵机一动，请裁缝用做帐篷的帆布缝制了一批裤子，由于其结实耐穿受到了矿工们的青睐，滞销的帐篷变成了畅销的裤子。

三年后，他集资成立了“利惠”牛仔裤公司，并依据矿工劳动特点不断改变裤子面料和样式，最终形成了特有的风格。100多年后的今天，“利惠”公司已经跻身于世界大公司的行列。

施特劳斯的发迹主要源于对信息的敏捷反应，当别人还只是停留在信息表面时，他已经窥测到了其背后的无限商机。在做事的过程中，几乎每个人都会遇到难题，尤其是年轻人，对生活充满热情，但又缺乏经验，这时他们就可以从别人的经验中寻找灵感。

清初皇太极打算留下明将洪承畴为己效力，便派范文程去劝洪承畴投降。洪承畴当时正在跺脚大骂，范文程心平气和地与他交谈，内容涉及古今之事。房梁上的尘土偶然落下，落到了洪承畴的衣服上，他用手掸出灰尘。范文程回去将此情告诉皇太极，他说："洪承畴肯定不会求死，连衣服尚且那么珍惜，更何况他的性命？"

皇太极亲自去看望洪承畴，解下自己身穿的貂皮大衣给洪承畴穿上，说："先生是否觉得不那么冷了？"洪承畴膛目而视许久，叹息道："这真是老天选定的明主啊！"于是叩头请求皇太极接受他的投降。

对此，皇太极异常高兴，不仅当天的赏赐不计其数，还设置了酒宴，摆上了戏台。将领们有的对此很不高兴，说："皇上待洪承畴太好了！"皇太极劝他们说："我们这些人风风雨雨几十年，是为了什么？"将领们回答说："是为了入主中原！"皇太极听后笑道："这就譬如行路，我们都是盲人，如今好不容易得到一个向导，我怎能不高兴？"

在这里可以看出皇太极的做事技巧，范文程是汉族的大学者，是一位极有见识之人；洪承畴更是明朝的大官，学识也有过人之处。而这两个人都为皇太极所用，为清军入关，特别是制定统治方略方面，起到了重要作用。

借力指的是借他人之力，比如名人、亲戚、朋友、同学等的地位、名望、财富或权力等，他人有时是你接近成功或走向成功的桥梁与阶梯。关系网中的"借"字是核心，把握了"借力"这个核心元素，就把握了关系网的精髓。一个人要想顺顺当当把事情做成功，除了靠自己的努力之外，有时还需要借助他人的力量才能扶摇直上。

智慧启示

李嘉诚认为，"借"是一种生活智慧，是一种人生谋略，是一种成功艺术。学会巧借别人的智慧，化为自己的智慧，善于借助一些可以借助的力量，将"借"的智慧发扬光大，去创造属于自己的人生辉煌。

下篇

做生意

李嘉诚15岁做推销员，22岁创业，29岁赢得“塑料花大王”的美誉，30岁涉足房地产，58岁首次登上香港首席财阀的宝座，60岁被财富杂志评为世界华人首富，并连续6年荣膺世界华人首富。做生意，李嘉诚能给予人们太多的启示。

第13章

团队策略——知人善任，唯才是用

李嘉诚的公司，由1950年几个人的小型公司发展到今天覆盖全球52个国家超过20万名员工的企业。这当然是一个足够优秀的团队，因为领袖的优秀，给予整个团队一种巨大的凝聚力。

成功的企业需要优秀团队

公司的最大资产并不是拥有庞大的资金，而是整个组织——公司的1000多位行政人员班底，才是我们最大的资产。公司不是靠一个人，而是靠整个组织。

——李嘉诚

一个团队的组建首先是源于同一个梦想，因为梦想有了，团队发展的方向就有了。就好像巴菲特所拥有的伯克希尔哈撒韦公司的共同梦想是成为全世界最牛的投资公司一样。当然，有了梦想，我们还应该朝着这个方向不断地前进。

李嘉诚不仅擅长于投资，更是一个优秀团队的领导者。可以说，他是一位卓越的实业型企业家。李嘉诚旗下的长江实业吸金10000亿港元，经营业务遍及全球52个国家。虽然，在许多人看来这些不过只是传统的业务，但在李嘉诚所领导的团队的经营下，竟然取得了巨大的成就。其实，这证明李嘉诚不仅仅是成功的投资者，而且是一个擅长组建团队的优秀领导者。

1995年，马云受托去美国催讨一笔债务，结果他一分钱都没有要到，但他发现了互联网。顿时，马云意识到互联网是一座等待开掘的金矿。回到杭州之后，马云身上只剩下1美元和一个疯狂的念头：做互联网。

然而，当他把自己的梦想告诉身边的朋友时，却遭到了朋友的一致反对。但是，马云并没有放弃自己的梦想，而是坚定了自己的梦想。马云找了一个搭档，加上自己的妻子，3人凑足了2万元启动资金，开始了自己的第一家互联网公司。刚开始，生意很困难，马云不得不在杭州街头的大排档里，激情飞扬地讲述自己的梦想，人们都认为他是一个骗子。但是，马云无暇去注意别人对自己的称谓，而是不屈不挠地讲自己的互联网梦想。慢慢地，他的业务开始艰难地发展起来，马云越讲越有名，他所做的“中国黄页”也越做越大。这时，杭州电信要求与马云合作，马云当即答应了，居然将营业额做到了700万元，但是由于之后的合作出现了问题，马云毅然放弃了中国黄页，接受了外经贸的邀请。马云带着5个朋友北上，他们在北京租了一个20平米的房间，连续苦干15个月，做出了一系列官方网站。但是，由于股份制难以落实，马云再一次选择了放弃。

在这4年的时间里，马云舍弃了2次，这其中的艰辛可想而知。但是，马云的互联网梦想却丝毫没有动摇，他再一次决定：回杭州创办自己的公司，一切从零开始。1999年4月15日，阿里巴巴上线，很快在商业圈里声名鹊起。马云开始在世界各地讲述互联网的梦想，著名的风险投资公司InvestAB的亚洲代表台湾蔡崇信加盟到其中，随后华尔街多家公司向阿里巴巴投入了500万美元，一时之间阿里巴巴声名大振，马云的互联网梦想实现了。

荣获诺贝尔经济学奖的萨谬尔森曾说：“人们应该首先认定自己有能力实现梦想，其次才是用双手去建造这座理想大厦。”马云终于梦想成真了，而最主要的就是他的梦想，马云始终以自己的梦想做坚定信念，怀揣着互联网的梦想，最后他将梦想变成了现实，所以他获得了成功。在任何时候，我们都要坚定自己的梦想，因为谁也偷不走自己的梦想。当然，马云所代表的阿里巴巴难道仅仅只是马云一个人吗？当然不是，它代表着一个团队，一个热衷于互联网的团队，因为梦想走到了一起的人最终成就了梦想。

对于一个单独的个体而言，是极需要团队的力量的，因为有一个团队，才可以凝聚最强大的力量。俗话说：“一个好汉三个帮。”仅仅凭借着一个人的力量是难以有所作为的，因为一个人总是顾及到这边，却忽略了那边，他身上往往只有部分优点，而缺点也有一些，这样一来，当他去干一些事情的时候，总会显得力不从心。

即便李嘉诚被誉为华人首富，但他仅仅是以自己为荣吗？当然不是，他更以旗下的长江实业为荣，因为这一个优秀的团队才是最值得他骄傲的地方。像李嘉诚这样有着异常天赋的投资家也需要组建属于自己的团队，更何况平凡的我们呢？在生活中，当我们觉得自己一个人无法去完成一件事情的时候，我们就应该想到组建属于自己的团队，只有这样，我们才会最大限度地凝聚团队的力量，从而走得更远。

1.把所有力量拧成一股绳

团队就是一个核心，是一个综合体，它凝聚了所有成员的力量，可以说是很好地达到了互补的效果。在团队中，有的人擅长这个，而在其他方面却不怎么样；而有的人恰好相反，他擅长有人不擅长的，这样起来，两个人组合在一起，那就是完美的组合。

2.有团队的观念

当然，当我们组建团队的时候，心里一定要有一个团队的概念，也就是在任何时候，都需要考虑到团队成员的意见。巴菲特虽然是世界著名的投资大师，但他从来不觉得自己可以脱离团队而独立存在，在他看来，伯克希尔哈撒韦公司以他为荣，但他更以这个投资公司为荣。在他决策的时候，在他思考的时候，他需要这个团队的力量，他从来不单枪匹马地做决定，因为这不仅仅是对团队的不尊重，同时也会为自己的决策带来不好的影响。

智慧启示

当无数个个体组合在一起的时候，这些细微的力量就凝聚了起来，也就是说，团队的力量是惊人的。在生活中，我们所看到的所谓成功者，难道是他一个人在战斗吗？当然不是，在他的背后，永远会有一个团队，一个智囊团在背后支持他，于是，才有了他最后的成功。

度权量能，巧识人才

我常常跟儿子说：“你要建立没有傲心但有傲骨的团队，在肩负经济组织特定及有限责任的同时，也要不懈努力，携手团队服务贡献于社会。这不能只是我对你的一个希望，而是你对我的一个承诺。”

——李嘉诚

现在社会，人们越来越关注那些古代遗留下来的文化瑰宝。比如很多在商海驰骋多年的老板，手边都必备一本《孙子兵法》；而很多人还通过《三国演义》来学习做人、说话的技巧。尤其是作为一个领导者，也应该学学古代兵法的选人术，这样才能因地制宜地有效利用人才。

李嘉诚一直认为人才是事业成功最重要的资本和基础。有一次，怡和贸易的代表马世民去长江实业推销冷气机，本来李嘉诚通常不过问此类业务，不过马世民却一再坚持要求面见李嘉诚。最终，他的倔强吸引了李嘉诚。这次偶然的接触，双方之间留下了深刻的印象。后来时机成熟，李嘉诚不惜重金收购马世民创办的Davenham工程顾问公司，得到了马世民这位不可多得的人才。

千里马常有而伯乐不常有，但是香港人却赞誉李嘉诚具有九方皋相马的慧眼。李嘉诚恰恰是因为非常高明地识别人才，创建优秀的团队，才能驰骋商场十年而无坚不摧。

现代领导者，必须具备识人的能力。在很多时候，领导容易被下属的外表迷惑，而作出错误的判断。领导要想认识下属的真面目，就应该学会由表及里，抓住他的主要特点，看清楚其真实面目。领导者在识人的过程中，往往容易被下属的外表和漂亮的言辞所欺骗，并且委以重任，结果导致整个工作任务失败。因此，领导者不要以外表看人，而是需要以才看人。

刘备是如何识人的呢？他经常会因为一次谈话，就能发现人才。比如庞统、邓芝、马忠等因见面与语而“大奇之”。刘备在与马忠一次谈过后，“虽亡黄权，复得孤笃，此为世不乏贤也”。而在刘备临终的时候，曾告诫诸葛亮：“马谡言过其实，不可大用，君宜察之。”但是诸葛亮却不以为然，后来他首次伐魏，就用马谡作为先锋，结果导致街亭之失。

其实，刘备不但善于识别下属的才能，而且对于人的品性也有较高的鉴定能力。在当阳战败的时候，有人说赵云已经北去投曹，结果刘备却说：“子龙不弃我走也。”没过多久，赵云果然抱着刘备的儿子阿斗回来了。

而且，刘备对于人才往往可以给予体谅，甚至做出重大牺牲。比如刘备起兵伐吴时，黄权谏曰：“吴人悍战，又水军顺流，进易退难。臣请为先驱以尝寇，陛下宜为后镇。”刘备不听，令权督江北诸军，防备魏师。刘备败后，黄权还蜀无路，被迫降魏。因此，执法官准备按法“收权妻子”。刘备却说：“孤负黄权，权不负孤也。”对待黄权的妻子仍旧和往日一样。裴松之对刘备颇为赞赏，他认为刘备能斟酌是非，区别对待，对这件事他认为刘备胜过汉武帝甚多。

刘备出生于一个贫困之家，与母以贩鞋织席为生。在他年轻的时候，便学会结交豪侠。尽管这样，有的上层豪强还是看不起他，当刘备升为平原相的时候，豪绅刘平还曾派刺客去杀害他。不过，当刺客受到刘备殷勤款待之后，十分感动，不但不忍心下手，而且还真实地吐露了自己的来意。后来，刘备、关羽、张飞桃园三结义，更是千古佳话。公元201年，刘备驻兵新野，荆州豪杰归附者越来越多，刘备渐渐意识到自己屡遭挫败，主要是缺少优秀的参谋大将，于是他开始留心寻访此类人才，于是才有了三顾茅庐的历史典故。

1.善于识人，才能更好地用人

只有善于识人，才能更好地用人。有的人为了加薪、升职而付出无限的努力，并极力追求一些在自己能力之上的荣誉。而有的人平时只是默默专注于自己的工作，踏踏实实地做好每件事，他们不会刻意去表现自己，突出自我。领导则应认真判断人用对人，才能使其业精。

2.观察其言行

一般来说，一个人的所言即为心中所思，因而就更能真实地反映和表达他们真实的思想感情。在很多企业或公司中，有很多潜在的人才，他们在很多时候都不得志，从他们嘴里说出的话，大都是内心的真心话，都是肺腑之言，不带一点虚伪与做作；而那些心中没有远大志向的人，他们就喜欢在人前说虚伪的话，说假话，以此来吸引人们的注意力。因此，领导者可以通过下属的所言，辨别出其心志，能够更有效地使用人才。

对于一个领导者来说，要善于去辨别下属的才华，这是作为一个领导者必须具备的识人能力。有很多潜在人才隐藏在下属之中，这就需要领导者去发现他们。因为他们毕竟是人才，身上必然有着人才的优秀素质，他们或有初生牛犊不怕虎的胆略，或有出污泥而不染的可贵品质。

智慧启示

总而言之，如果他是一个人才，就会有不同于常人的地方，否则就称不上人才。而我们就应该善于去发现这些人的不同之处，发现其潜在的才能，这样才能使其发挥出卓越的能力来。

以诚聚才，凝聚团队

决定大事的时候，我就算100%的清楚，也一样要召集一些人，汇合各人的资讯一齐研究。这样，当我得到他们的意见后，出错的机会就微乎其微。

——李嘉诚

《李嘉诚成功之路》一书中这样写道，“正因为李嘉诚善于把一批确有真才实学的智囊人物团结在自己的周围”，“‘博采天下之所长，为己所用’，从而保证了他每在关键时刻都能出奇制胜，化险为夷”。任何一个组织，不管大小都需要团队合作，虽然合作的形式会有所差别，但高效的团队合作，往往是组织成员共同努力的结果，因为组织内上下级，员工与员工之间是一个复杂而微妙的动态过程，而并非简单的加权。单就谈判团队而言，它作为一个典型的组织团队也是这样。

如今，谈判变得越来越复杂，所牵涉的范围也比较广泛，所需要的知识也很广博，诸如产品、技术、市场、金融、法律等多方面，假如是牵涉到国际间的谈判，还会涉及国际法、外语等知识，如此纷繁的知识绝不是仅凭一个人就能办到的。因此，谈判除了一对一的方式之外，更多的时候是一个谈判团队对另外一个谈判团队。为了实现某个具体的谈判目标，按照新的组合放大了个人的力量，从而形成一种新的力量。

李嘉诚谋事决策的成功，得益于多位顶尖智囊、高参、谋士的长期忠贞不渝地合作。杜辉廉是一位精通证券业务的专家，被业界称为“李嘉诚的股票经纪”，备受李嘉诚青睐和赏识。李嘉诚多次请其出任董事均被谢绝，他是李嘉诚众多“客卿”中唯一不支干薪的人。

但杜辉廉决不因为未支干薪而拒绝参与长实系股权结构、股市集资、股票投资的决策。为了回报杜辉廉的效力之恩，当杜辉廉与梁伯韬合伙创办百富勤融资公司时，李嘉诚发动连同自己在内的18路商界巨头参股，为其助威。李嘉诚的投桃报李，知恩图报，善结人缘，更使得杜辉廉极力回报李嘉诚，心悦诚服地充当李嘉诚的“客卿”和“幕僚”。杜辉廉在身兼两家上市公司主席的情况下，仍忠诚不渝地充当李嘉诚的股市高参。

其实，任何团队的组合都是一种优势互补。即便是再高明的人，他也有不懂的地方，也有不足之处，一个人能力再强，但也到不了想干什么就干什么的地步，因此一个好的组合团队往往聚集了众多个人的力量，从而形成更强大的力量，而这样的力量恰恰是在实际工作中所需要的。所以，如果你想在事业中赢得头筹，那组建一个好的团队是很有必要的。

公司建立了以王先生为首的谈判团队，在这个团队里每个人都有自己的具体职能。王先生作为团队的领袖，他几乎处理所有面对面的谈判，他是整个谈判的组织者，负责大部分“说”的工作，或者是提出新的问题和提议，或做出妥协和让步。

团队中的小李是评论员，他主要负责总结目前的进展，阐明目前所存在的问题。观察员小赵主要负责观察并监控人们通过话语和肢体语言，面部表情所传递出来的信息。小凡是团队里的分析员，主要负责记录并分析全部的数字和数据，对方的出价方式和做出让步的方式，这样有助于理解其谈判的目标和优先考虑的问题。

俗话说：“三个臭皮匠，顶一个诸葛亮。”一支管理精良的团队具有这样的优势：可以代表公司内部的多方利益；可以保障企业内部各方对最终协议的坚定执行；可以有效地提高团队成员的自信；让整个团队在整个行业内有具有相当杀伤力。当然，我们在建立团队的时候，不要考虑与对方团队的人数相比较，因为和拥有很多人却臃肿的团队相比较，一个少而精良的团队要好很多。

此外，在考虑团队优劣互补的时候，我们还需要考虑这些问题。就以谈判团队为例，有些谈判者喜欢一个人与对手进行谈判，因为他们喜欢这种形式所带来的控制感。但即便是最简单的谈判也有其复杂的地方，而且极少有人能在谈判中同时身兼说、听、看和计划这样几项工作。在这时若是有一个精良的谈判团队，那必然会赢得谈判。

1.明确团队的人员组成原则

在组建团队时，需要考虑两方面的内容：一方面是需要成员具有良好的专业基础知识，而且能快速有效地解决实际运作中可能出现的问题；另一方面参加团队人员必须关系和谐，可以求同存异。简单地说，就是需要成员遵循知识的互补性，包括性格、能力的互补。

2.对团队成员数量进行有效地控制

团队的成员是不是越多越好呢？当然不是，以少量的人作更多的事情，这才是团队所要达成的目标。比如，谈判团队需要多少人才适合呢？国内外的专家普遍认为大概需要6个人组成，其主要是谈判管理员、经济人员、技术人员、法律人员、翻译人员、记录人员这六个人组成。人员的搭配要适当，也可以适当做出调整。

智慧启示

当我们在组合一个团队的时候，所需要达到的宗旨是凝聚起来的力量应该最大化，也就是说，尽量做到扬长避短，优势互补，真正形成1+1>2的合力。

知人善任，人尽其才

要知人善任，大多数人都会有部分的长处，部分的短处，好像大象食量以斗计，蚂蚁一小勺便足够。各尽所能，各得所需，以量才而用为原则。

——李嘉诚

在李嘉诚的团队之中，只要是人才，他们就能够在企业中有用武之地。他说：“一个公司需要员工共同努力，才能完成发展公司的大业。就如在战场，每个战斗单位都有其作用，而主帅未必对每一种武器的操作比士兵纯熟，但最重要的是首领亦非常清楚每种武器及每个部队所能发挥的作用——统帅只有明白整个局面，才能做出出色的统筹并指挥下属，使他们充分发挥最大的长处以及取得最好的效果。”

用人需要人尽其才，善于揣摩对方的智慧和才能，度量对方的实力，然后扬长避短，有意识地适应对方，这就是飞箝术。君子用人如器，各取所长。这个道理告诉我们，用人不能学医看病，专挑毛病，所谓“人无完人，金无足赤”，每个人都有缺点，用人不应该看他不能干什么，而是应该看他能干什么，找他的长处，这样才能实现“人尽其才，物尽其用”。

李嘉诚善用年轻人。长实在20世纪80年代得以迅速扩展及壮大，股价由最初的6港元上升到90港元，这和李嘉诚不断提拔风华正茂的年轻人有关。有长实系新型三驾马车之称的霍建宁、周年茂、洪小莲，正是长实年轻才俊的杰出代表。

霍建宁1985年任长实董事，两年后提升为董事副总经理，是年35岁，如此年轻就任香港最大集团的要职，在香港实属罕见。周年茂1985年任长实董事副总经理时才30岁出头，负责长实系的地产发展，具体策划了多项大型住宅屋村的发展事宜，深孚众望。由秘书成长起来的长实董事洪小莲，全面负责长实公司楼宇销售时不到40岁。正是这些青年才俊的鼎力帮衬，才有李嘉诚演绎出巨额财富的惊天神话。

扬长避短是领导用人的基本方略，一个优秀的领导应该学会容忍下属的缺点，同时积极地发掘他们的优点，学会用长处弥补其短处，让每个人都能发挥专长。世界上没有两片树叶是相同的，人亦是如此。每个人都有自己的独特价值，假如领导者能够让下属发挥自己的所长，通过互补，缺陷就会越来越少，这样通过整合资源，以一人之长补另一人之短，整体效果就上升了。

有一次，曾国藩收到了学生李鸿章的一封书信，在信中，李鸿章向恩师推荐了三位年轻人，希望他们能在恩师的帐前效力。没过几天，家人来报："李大人推荐来的人在庭院等候。"曾国藩心生一计，他悄悄地在离他们不远处的地方停了下来，暗暗观察这几个人。只见其中一个人不停地用眼睛观察着屋内的摆设，似乎在思考着什么；另外一个年轻人则低着头规规矩矩地站在庭院里；剩下的那个年轻人相貌平平，却器宇轩昂，背负着双手，仰头看着天上的浮云。

观察了一会，曾国藩便回到了房间里。很快，他就召见了这三位年轻人，和他们攀谈了起来。慢慢地，曾国藩发现，不停打量自己客厅摆设的那个年轻人和自己谈得最投机，自己的喜好习惯，似乎他都早已经熟悉。相比较之下，另外两个人的口才就差一点了，不过那个抬头看云的年轻人虽然口才一般，但对人对事都有自己的看法，只是说法比较直。最后，曾国藩并没有对那个与自己谈得最投机的人委以重任，而是让他做了一个有名无权的虚职；派那个很少说话的年轻人去管理钱粮马草；而那个看云的年轻人却被派去军前效力，而且曾国藩再三叮嘱，这个年轻人要重点培养。

众人听了曾国藩这样安排，都十分疑惑，曾国藩道出了原委："第一个年轻人在庭院里等待的时候，便用心打量大厅的摆设，刚才他与我说话的时候，明显看得出来他对很多东西不甚精通，只是投我所好罢了。由此可见，此人善于钻营，有才无德，不足托付大事。第二个年轻人遇事唯唯诺诺，沉稳有余，魄力不足，只能做一个刀笔吏。最后一个年轻人不焦不躁，竟然还有心情仰观浮云，就这一份从容淡定便是少有的大将风度，更难能可贵的是，面对显贵他能不卑不亢地说出自己的想法而且很有见地，这是少有的人才啊！"曾国藩一席话说得众人连连点头称是。"不过，他性情耿直，很可能会招来口舌是非。"说完，曾国藩不由得一声叹息。

原来，那位观云的年轻人就是刘铭传，他没有辜负曾国藩的厚望，在后来的征战中脱颖而出，并因为战功赫赫被册封了爵位。然而，也正如曾国藩所预料到的一样，性情耿直的刘铭传被小人中伤，黯然离开了台湾。在等待的时候，三位年轻人神态各异，曾国藩不仅观察出了其中的端倪，还加以分析，从而得出了三位年轻人真正的才学，如此才得出了后面的一段话。看来，人尽其才，扬长避短，才能将人才为我所用。

在用人方面需要遵循扬长避短的原则。日本著名的松下集团松下幸之助曾说：“一个人的才干再高，也是有限的，且往往是长于某一方面的偏才，而将众才为我所用，将许多偏才融合为一体，就能组成无所不能的全才，发挥出无限巨大的力量。”

1.如何知人

俗话说：“不知人之短，不知人之长；不知人长中之短，不知人短中之长，则不可用人。”可以说，知人是用人的前提，每个人都是缺点优点并存，有的人内秀而外拙，才不外露，不很容易发现；有的人博学多智，却只会纸上谈兵，这样的才能很难以展现出来。我们如何去了解这些人，那就需要从信任出发，从了解入手，知其德才学识，明其优劣长短，从其发展的前景中把握。要想准确、清楚地了解一个人，不能只看文凭和档案，也不仅仅凭感觉和印象，而是需要深入了解，全面分析，这样才能辩其才能，明其本质，才能真正做到“善认”。

2.如何善任

善任的重点在于扬长避短，不过怎么样才能扬长避短呢？要学会量才使用，有的人善于管理，有的人懂业务，在选才时要以“质”为依据，以“质”调配，这样才能使人才的质得以体。现要注意团队结构，人才群体的组成应注意知识结构、年龄层次、专业类型、性格特点等合理搭配，这样才能产生人才资源的互补效应。

智慧启示

要用好人才，就必须“择人任势”。一个人，不可能具备各种才能，胜任一切岗位，某一特定人才总有最适合于他的位置。这就需要领导者在“知人”的基础上，对人才的任用上给予恰当的安排，形成人员配置的最佳组合机构，达成最佳效果。

言传身教，培育人才

带他们到公司开会，不是教他们做生意，而是叫他们知道，做生意不是简单的事情，要花很多心血，开很多会议，要有许多人帮助，才能成事。

——李嘉诚

李嘉诚对于人才的妙用，还在于能够善于突破故有的、传统的育才模式，紧跟时代的潮流，创造出新的、适合企业实际需要的人才培育模式，为企业的发展奠定坚实的人才资源基础。

天底下从来就没有现成的人才，一个人不可能生来就具备卓越的见识，人才都是通过艰苦的磨炼而成的。求得了人才，怎么办呢？作为一个领导者，不仅要善于发现人才，更需要有效地培养人才，如此才能更好地将人才为自己所用。就好比你从市场上买来了一盆花，平时需要给它浇水、施肥，它才能盛开美丽的花朵，反之若是对它置之不理，那么它早晚会因缺失营养而枯死。而且，一个人要想成大器，须经过艰苦的磨炼，否则他就如同一块等待雕刻的木头，不能施展出自己的才华。

在日常工作中，作为一个领导者，在你身边并不存在现成的人才，大多数人才都是经过精心培养而成的。所以，领导者应该懂得言传身教，有意识地培养身边的人才，这样才会出现人才济济的局面，而你才能依靠他们而获得成功。

李嘉诚送长江实业的元勋周千和其子周年茂赴英国专修法律，体现出其培育人才的超人眼光和魄力。周年茂还在学生时代，李嘉诚就把他作为长实未来的专业人士来培养。父子两人同行出国进修，如此优厚的待遇开了长实公司培养人才之先河。周年茂学成后，被李嘉诚指定为长实公司发言人，两年后凭业绩被选为长实董事，周千和升为董事副总经理，父子俩均成为长实公司的得力干将。

李嘉诚悉心培育儿子李泽钜和李泽楷的过程，更是可圈可点。在李氏兄弟很小的时候，李嘉诚就常带他们挤电车和大巴士，甚至观察一个卖报小女孩边卖报边做功课的情景，让他们感受平民子女求学的艰难。当两兄弟念中学时，李嘉诚让他们聆听公司的会议。用李嘉诚的话说："带他们到公司开会，不是教他们做生意，而是叫他们知道，做生意不是简单的事情，要花很多心血，开很多会议，要有许多人帮助，才能成事。"

李嘉诚的大儿子李泽钜15岁、小儿子李泽楷13岁时，被送去美国读书，上学期间需要的零花钱，要靠他们自己业余时间打工获得。李泽钜在麦当劳餐厅做夜间兼职，每晚打工到深夜的经历，使他不仅懂得了挣钱的艰辛，而且磨炼了身心。李泽楷在高尔夫球场当三年多球童的异常辛苦经历，使他悟出了不少灵活变通的道理，为日后经商打下了坚毅不屈的性格基础。不久，两个儿子迅速在商界脱颖而出，有"小超人"之美誉。李氏兄弟说："父亲从小对我们的培养教育是我们最值得感谢的。我们从父亲那里学到的不仅仅是怎样成为一个出色的商人，一个赚钱的商人，而更为重要的是我们学会了怎样做一个正直的商人。"

确实，长江实业就相当于一个学校，李嘉诚就是一个老师，他不厌其烦，循循诱导，将一块块木头雕刻成精品。他底下的员工数万人，在他的精心雕琢下，许多人成为卓越之才，这不能不说是李嘉诚的功劳，他不仅成就了自己，同时也成就了他人辉煌的一生。

哲人说："领导者的责任，归结起来，主要是出主意、用干部两件事。"在日常工作中，领导者的责任之一也在于培养人才，所谓"实践出真知"，一个人大多的经验来源于实践，因为在实践中，人的能力才会得到提高。人才兴，事业旺，培养出卓越的人才，才能作出卓越的成绩，这样领导的事业才会呈现出蒸蒸日上的局面。另外，从个人来说，培养人才是领导者最重要的功绩。

荣氏企业是中国近代规模最大、发展最快的民族资本企业，曾有“面粉大王”和“棉纱大王”的称号。其实，在荣氏企业令人瞩目的发展历程中，培养人才是其中的重要环节。

“一战”后，纺织、面粉行业方兴未艾，荣氏兄弟意识到“欧美机制工作，日新月异，欲资师道，非从实地考察不可”。于是，派遣了荣月泉先后到美国的明尼波利斯、印第安那、密尔华纪以及法国巴黎、英国曼彻斯特等地考察游历，学习外国先进的技术和经验。随后，又派遣荣鄂生与薛明剑去日本参观学习。

荣德生十分注重人才的培养，常常是不惜重金将他们培养成才。其子荣尔仁没有上过大学，在他公益工商中学毕业后，荣德生就为其聘请了名师，教其国文、外语、数学等基础学科。同时，还让他到工厂学习生产技术和管理知识，并远赴日本考察学习。通过这些途径，将荣尔仁培养成为荣氏第二代企业家中杰出的代表。

荣氏企业重视对人才的培养，一方面保证了企业生产技术的连续和更新；另一方面也促进了企业管理进一步科学化，为企业的发展拓宽了道路。

智慧启示

领导者，不仅要善于发现人才，更要注重人才的培养。一盆盆栽，你要为其修剪枝叶，它才能释放出夺目的光彩。人才就如同盆栽，需要你的精心培养，浇水、施肥、修剪枝叶等，日后它的成才亦是你的骄傲。

第14章

管理策略——老板还是领袖

李嘉诚常常问自己：你是想当团队的老板还是一个团队的领袖？在他看来，做老板简单得多，毕竟权力来自于地位之便，可能是因为运气或凭仗你的努力和专业的知识。而领袖则比较复杂，力量来源于人性的魅力和号召力。做一个成功的管理者，态度与能力一样重要。

对员工实施温情管理

可以毫不夸张地说，一个大企业就像一个大家庭，每一个员工都是家庭的一分子。就凭他们对整个家庭的巨大贡献，他们也实在应该取其所得，反过来说，是员工养活了整个公司，公司应该多谢他们才对。

——李嘉诚

俗话说：“欲晓之以理，必先动之以情。”李嘉诚认为，如果领导希望下属能够全身心地投入到工作中去，甘愿为工作付出，那么就需要来运用“情”，让员工知道你很“疼”他。其实，很多时候，领导者表现出的“情”并不一定是通过一些重大的事情来体现的，更多时候是体现在一些细微的小事上。这些小事都是在日常的工作中体现出来的，或者是一句贴心的话，或者是一个善意的微笑，或者是细心地聆听，或者是记住每一个下属的名字，或者是与下属愉快地聊天，或者是适当暴露自己的缺点，拉近与下属之间的距离。这些事情看起来似乎微不足道，但是却常常能够温暖下属的心里，激起他们的感激之情，进而把所有精力都投入到工作中去。

在《三国演义》长坂坡之间中，曹军轻军前进，曹纯率精骑5000追击刘备军。危急之时，张飞杀入曹军阵内，保护刘备且战且退。赵云负责保护刘备家小，奋勇冲杀中，却不见了刘备的两位夫人和幼子刘禅。赵云又拍马单骑杀入重围，在伤兵的指引下，找到了甘夫人，杀死曹军部将后又救下糜竺，便命糜竺保护甘夫人退到长坂桥东岸。接着，赵云再次奋勇杀入敌阵，在一堵土墙下找到了身负重伤、怀抱着刘禅的糜夫人。赵云下马请糜夫人上马，糜夫人不同意，将刘禅交给赵云之后，转身投入身后的枯井。这时，有手下对刘备说："赵云北投曹操去了。"刘备表示绝不相信："子龙不弃我走也。"果然不一会，赵云就抱着刘禅赶了过来。

赵云大战长坂坡，九死一生救出少主刘禅，当他从怀中把仍在熟睡的刘禅抱给刘备时，刘备接过来，差点孩子摔到地上，对赵云说："为汝这孺子，几损我一员大将。"果然，赵云感激泣拜说："云虽肝脑涂地，不能报也。"

刘备通过打算摔孩子这一动作，再加上后面感人肺腑的一句话，竟使得赵云跪拜在地，表示自己无以回报主公的心情。作为一个卓越的领导者，就善于用语言或行为来表示对下属的疼爱，只有这样才能真正地感动、激励下属，使之为你谋取更多的利益。

那么，领导应该通过哪些言行举止来让下属自己很"疼"他呢？其实，最重要的就是从工作中的小事做起，下面我们就简单地介绍几种行之有效的方法。

1.记住每一位下属的名字

据说，凯撒大帝能叫出他军队里成千上万人的名字，他就是通过喊他们的名字，促使士兵为他在作战时奋勇杀敌。实际上，每一个人都对自己的名字特别敏感，如果你能记住每一个下属的名字，并在与之交谈的时候，亲切地叫出对方的名字，他就一定感到你对他的重视，感到自己在你心中的位置。作为一个领导者，不管你带领的团队有多大，你应该尽可能地叫出每一位下属的名字，让他们觉得，他们每一个人都是独一无二的，都是特别重要的。如果你所带领的是一个小团队，那么你除了记住他们每一位的名字，还需要更详细地了解他们，比如他们的缺点和优点，这样才能更有效地在用人方面达到扬长僻短，提高工作效率。

2.适当暴露自己的弱点

在下属的心目中，领导者的形象都是极其完美的，他们总以为领导者高高在上，是不同于他们的。其实，这就无形之中造成了下属与领导者之间的距离越来越大。那么，如何来改善这样的情况？每个人都有缺点，一味地掩饰并没有任何作用。因此，领导者没有必要掩饰自己的缺点，而是应在下属面前展现真实的自我，不妨适当地暴露自己的一些缺点。当下属知道领导也有缺点时，他就会觉得“原来他和我们一样，都是普通人”，这样会不知不觉地产生出一种亲切感，令下属感到与领导的距离近了，进而感受到领导的真情。

3.与下属聊天

在工作之余，领导者可以邀请下属一起喝茶，一起共进晚餐。在一种轻松的氛围中与下属聊天，除了谈论一些工作上的事情，你也可以试着与下属谈论一些工作以外的话题，比如兴趣爱好，家庭之类的。这会让下属感觉领导并不是高高在上的，而成为了自己的朋友，也会感受到自己在领导心中的地位。

4.多说贴心话

有时候，在某些特定条件下，从领导嘴里说出的一些贴心话，会让人感觉有千钧之重，进而赢得了人心。每一个员工都希望自己能在一个富有人情味的团队工作，而这就需要领导善解人意，体恤和关心下属。比如，有位员工向你请假回去照料生病的母亲，那么当他上班的时候，你不妨问问他母亲康复了没有；当一位下属的脸色不太好，你不妨走到他身边，问他出了什么事情；如果你发现下属经常在你面前谈起他正在上高中的儿子，那么你不妨问一下他儿子的学习成绩怎么样。虽然，在领导看来，这些都是一些细小的关心，但却会让下属很长时间都想着你的恩德。

5.善意的微笑

无论在什么时候，下属都不希望看到领导黑着脸，这样只会增加他们的心理负担，使你们之间的距离越来越远。相反，如果一个领导在面对下属的时候，露出一个善意的微笑，就会让下属觉得自己原来是讨上司喜欢的。善意的微笑可以为你的威信增添一股亲切的气息，而这样的气息无疑是下属希望看见的，他们会为了你一个微笑就保持一整天的心情愉悦地工作。

6.聆听下属的意见

领导者不能自诩身份不一样，资历比较高，就不去重视下属的任何想法和意见。其实，在很多时候，他们在你面前所说出的想法和意见，有可能是他经过了几天的认真思考。无论对方的建议是否可行，你都应该认真地聆听下属的意见，对于他说的比较恰当的地方需要给予赞扬，对于他说的不足之处要及时地进行引导。

智慧启示

对待员工就是要“以情动人”，这样才能真正地打动他们，激励他们更加努力地工作。一般而言，领导者管理下属的目的就在于使工作能够顺利开展，进而谋求整个团队发展壮大。这就需要领导者激起下属积极工作的心态，把自己身心都投入到工作中去，而行之有效的办法，那就是让下属知道你“疼”他，以情动人，从一些日常的小事做起，才能够真正感动、激励下属。

多听听下属的意见

要成功，听取别人意见是第一步。

——李嘉诚

李嘉诚几乎从来不生气，每次都是一副标准的笑脸。难道他真的没有生气过吗？不会因为什么事情难过？发过火吗？……有时候在面对这些记者的追问，那些跟随李嘉诚十年以上的下属总是一脸茫然，实在想不起他生气的样子。那作为华人首富，李嘉诚强势吗？长江实业的高层反问：如何定义强势？尽管李嘉诚做事决断非常迅速，不过他并非咄咄逼人。相反，他很善于倾听下属的意见，如果下属是对的，他会听下属的，而不是坚持他自己的。

作为一个领导者，无论是向下属传达指令还是向下属派遣任务，都需要先征求下属的意见。因为领导者只是决策的制定者，并不是实际工作的执行者，这就需要选择一个合适的下属去完成工作任务。但是，下属在接到工作任务之前，他对于将要面对的工作的目的、难度都不清楚，而领导有可能也不太清楚下属的工作能力。在这样一种盲目的情况下，如果你直接向下属传达某项命令，而那位下属恰好对这项工作不太擅长，这就会阻碍工作的进程，也不利于提高工作效率。因此，领导在向下属传达命令之前，必须征求一下下属的意见。

张先生是一家大型企业的总裁，他的习惯就是在向下属传达任何命令之前都会征求下属的意见，哪怕只是给对方一个假期，他也会提前通知对方。这样的一种习惯，使得他每次派遣的任务都能够获得成功，并且下属也会全力地投入到所接受的工作中去。

有一次，张先生所在的公司研发了一个新产品，他需要一位卓越的推销人才去为新产品打通市场。这是一件异常艰巨的任务。张先生经过几番斟酌，选定了公司里一位颇具能力的新员工。

“你带着我们公司的新产品去打开市场，怎么样？”张先生轻松地问被召见的新员工，“我现在急需要一个有能力的人去给我做销售顾问。”

那位新员工大吃一惊，他当然知道这件任务的艰巨性。他不得不考虑自己的能力，考虑这是否是在自己的能力范围之内。

张先生见他犹豫不决，便微笑着道：“怎么样？没有信心吗？任务是比较艰巨，但是我更相信你的能力，俗话说‘初生牛犊不怕虎’，我就是看重了你的那种冲劲。”

面对总裁如此的信任，新员工鼓起了勇气，最终接受了挑战。

试想，如果张先生没有事先征求新员工的意见，就擅自作出决定，把这样一项极具挑战性的工作交给他。这无疑会给新员工极大的压力，进而会影响到工作的有效进行。张先生的高明之处就在于，当他征求员工意见的时候，他已经为员工准备了强大的后盾，那就是信任感，给予下属绝对的信心。正是这信心才会使工作得以顺利地展开，才有可能获得成功。

1.使所传达的命令更加清楚

有时候，当下属预先没有得到任何通知，就莫名其妙地接了命令。这对于下属来说，没有心理准备，同时也对命令的具体信息不是很清楚。如果领导在传达命令之前，先征求下属的意见，下属就会明确这是一个什么样的命令，自己的工作任务到底是什么，工作难度怎么样，自己是否能胜任这份任务等。只有对命令有了较为详细的信息，才会帮助下属更好地完成任务。

2.对下属的尊重

在我们平时生活中，无论你请求谁给你做件事，你都要先征求对方的意见，这是一种礼貌，更是一种尊重。领导在向下属下达命令的时候，也需要体现出这样一种尊重。只有你的尊重才会换来下属的工作热情，只有你的尊重才会赢得下属的更多信任。作为下属，他并不希望被领导任意差遣，叫自己干什么就干什么。如果下属在接受任务的时候，有这样一种想法，他就会带着一种抵触情绪，而这是很不利于工作进行的。

3.化解下属的情绪

有时候，领导所派遣的任务有可能是太简单，或者太困难，这就需要领导在征求下属意见的时候，说清楚任务的难度，并且根据下属的能力情况，及时化解下属的情绪。比如当你所下达的任务过于简单，而下属的能力又是特别优秀的，他就有可能产生轻视的态度，而这就需要领导进行提醒；当你所下达的任务是难度太大，而下属的能力只是普普通通，他就会产生畏难情绪，而这就需要领导给予对方信任度，增强其自信心。

智慧启示

领导在下命令之前征求下属的意见，这一方面是为了再一次清楚地向下属传达信息，另一方面也是对下属的尊重。除此之外，还可以有效地化解下属的畏难情绪或者轻视态度，这对于工作的积极开展是非常有益处的。

责己以严，树立榜样

作为一个领袖，第一最重要的是“责己以严，待人以宽”。

——李嘉诚

李嘉诚认为，要想树立威信，必须先做好榜样。作为领导者而言，要想树立威信，必须先做好榜样。很多领导总是抱怨下属不服从自己的命令，不把自己放在眼里。于是，领导与下属之间的关系越来越疏离，工作也越来越难以开展下去。其实，造成下属不服从自己的命令的主要原因在于领导者没有威信，没有拿出领导者的果断、敏捷，因此难以使下属信服。李嘉诚经商数十载，久居高位，却总是严格要求自己，争取给下属树立一个好的榜样。

古时，县官们上任接班，必做之事很多：要拜庙上香，地方的孔庙、关帝庙、文昌庙、城隍庙必拜，以显示自己尊儒崇道，连地方神都十分恭敬；要清仓盘库，粮库、物料库核对清楚；要巡查监狱，要视察城防；要对簿点卯，即对照簿册记载的官员侍从等花名册一一查对；要传考生童，就是将本地的学生集中，做一次自己亲自出题的考试，了解群众情况；要拜访乡绅，当然依次是本县的皇亲国戚、与自己同级的卸任官员直至豪门大户。

最后，则是新县贴出告示，说明自己从何月何日开始接受诉讼。

有的人在工作中，总是没有明晰的指示，他们对于自己作出的决策也难以相信，所以经常会出现朝令夕改的情况；有的领导在关键时刻，总是拿不出果断的决定，面对千载难逢的机会优柔寡断，于是成功的机会也失之交臂；还有的领导唯唯诺诺，无论是大事小事，自己都拿不定主意，而是希望下属拿办法。像这样的领导者怎能令人信服。一个领导者的做事风格往往决定其权威性，如果一个领导具有敏锐的观察力，能够在关键时刻作出决定，并使得工作卓有成效地开展下去。那么，这样的领导无疑是有威信的领导，也是下属所敬佩的领导。当下属已经不再怀疑你的能力，他就会绝对服从你的命令。

1.切忌朝令夕改

领导在做任何决定的时候，都需要经过深思熟虑的思考，“三思而后行”。只有对整个事情全盘把握，才能清楚地分析出利与弊，才能作出正确的决策。而不是你突然灵光一闪，想出了什么点子就急急忙忙地传达下去，可是等到工作进行的过程中，你才发现原来这个决策是不行的，于是又传达禁止的命令。如果领导这样“朝令夕改”来指示下属工作的话，很多下属都会觉得恼火，甚至会对你的领导力进行质疑。因为对于执行者的下属来说，做任何一项任务都有个复杂的过程，当他们已经开始了一部分的工作，而你却下令禁止，那无疑是给他们的工作带来一些麻烦。除此之外，朝令夕改也会使你的命令含糊不清，容易给工作带来一些不好的影响。通常来说，朝令夕改的行为会消减领导者的威信，降低下属对其的信任度。

2.切忌优柔寡断

当面对一个最佳机会的时候，下属就开始请示领导。可是这时候，领导却由于优柔寡断的工作作风，迟迟不肯下决定，最终使自己失去了最佳的机会，让他人捷足先登。这样无疑就会使自己在工作上失去很多成功的机会，像项羽在鸿门宴的时候，由于一时的犹豫使刘邦逃之夭夭，为自己树下了一个大敌，最后在乌江自刎，这是十分不值得的。

3.要自己作主

有的领导对事情没有清晰的判断，也不明白该作什么样的决定。于是，无论是碰到大事还是小事，他就由自己的智囊团作决定，他只是等待最后的结果。这样的领导无疑是直接拿出别人的思想来决定，自己拿不定主意。当然，如果领导在作决定时出现了模拟两可的情况，你可以适当地倾听一下下属的建议，但是建议毕竟只是用来参考，然后在综合自己的思想作出决定。假如你只是全盘听下属的，时间久了，下属也会觉得你这个领导毫无能力，甚至心里对你产生不屑的态度。面对自己拿不定主意的领导，下属是很难有信赖度的，也不会轻易服从你的命令。

智慧启示

总而言之，作为一名领导者无论说什么话、做什么决定，都要“三思而后行”，不要在关键时刻却陷入犹豫不决的情境。在日常的工作中，一旦自己决定了的东西就不要轻易地改变，要坚定地执行下去，但是前提是这个决定是正确的，即便是有点偏差那也是对大局毫无影响的。

无为而治，制度管理

“无为而治”则要有好的制度、好的管治系统来管理。我们现在大概有25万名员工，分布在55个国家，而我们员工大部分在西方国家，如果你没有良好制度，你没有足够时间去管理，那将非常烦恼。

——李嘉诚

立法并不困难，而是难在执法，每每制定了一项法令，都应该切实地去执行它，而且需要长期地坚持下去。李嘉诚用人的基本原则是“无为而治”，平日里他对下属十分严格，特别是对于公司的制度，更是要求下属必须做到。李嘉诚“赏罚分明”的态度，可谓是“赏时不吝千金，罚时六亲不认”。下属立了战功，他的奖赏不吝千金；然而，一旦下属违反了公司制度，哪怕是亲朋好友，他也绝不姑息。《孙子兵法》曰：“主孰有道？将孰有能？天地孰得？法令孰行？兵众孰强？士卒孰练？赏罚孰明？吾以此知胜负矣。”

李元度是曾国藩麾下的得力干将，而且曾国藩自称与李元度“情谊之厚始终不渝”。在咸丰年间，天平军攻打徽州，由于徽州是祁门老营的屏障，其得失关系重大。当时，李元度领兵前去救援，由于李元度本身只是一个文人，不善于带兵，曾国藩生怕有什么闪失，当即与李元度约法三章，一再嘱咐要守住徽州，不得轻易出城接仗。然而，当太平军来袭的时候，李元度却违反了曾国藩的指令出城迎敌，结果一败涂地，丢失了徽州。悔恨之下，为严肃军纪，曾国藩上疏弹劾，李元度失去了官职。

另一方面，对于应该嘉奖的将才良士，曾国藩却是有功即赏。雷嘉澍因失守德兴县，被江西扶臣弹劾罢免了官职。其实，他本身是一个品行端正的人，深受百姓爱戴。离职后，雷嘉澍来到了德兴，左宗棠委令其招集兵勇，训练勇士。于是，雷嘉澍就在五村地区训练勇士，与左宗棠齐心协力，会战太平军。曾国藩知道后，就上奏咸丰帝，陈述其事为雷嘉澍邀功，同时，请求圣上取消对其处罚，让雷嘉澍到自己的军营听差，以观后效。

李元度与曾国藩交情深厚，然而在李元度不听劝告而丢失徽州后，曾国藩却大义灭亲，上疏弹劾，有人指责悖离恩义，但是曾国藩却为此严肃了军纪。不管与自己交情如何，一旦违反军令，绝不姑息。另外一方面，对那些有功之士，曾国藩却不计前嫌，为其邀功。对待下属，曾国藩真的做到了赏罚分明。

在日常工作中，领导者需要做到奖罚分明，才能真正地肃清纪律，否则团队不像团队，做事自然也就没有什么效率。当然，罚并不是将犯错的下属一棍子打死，而是要给他机会，让他改正错误。

僖负羁是曹国人，曾救过晋文公的命，说起来是晋文公的救命恩人。后来，晋文公在攻下曹国时，为了报答僖负羁的恩情，就向军队下令，不准侵扰僖负羁的家，如果有违反的人，就要处以死刑。

然而，其大将魏平和颠颉却不服从命令，他们带领军队包围了僖负羁的家，放火焚烧了房子。魏平爬上了屋顶，想把僖负羁拖出杀死。不料，屋顶的梁木承受了他的重量而坍塌了，正好将魏平压在下面，幸好颠颉及时赶到，才把他救了出来。

这件事被晋文公知道后，十分生气，决定依照命令处罚。大臣赵衰向晋文公请求：“他们俩人都替国君立下汗马功劳，杀了不免可惜，还是让他们戴罪立功吧！”晋文公说：“功是一回事，过又是一会事，赏罚必须分明，才能使军士服从命令。”于是便下令，革去了魏平的官职，又将颠颉处死。从这以后，晋军上下，都知道晋文公赏罚分明，再也不敢违令了。

事实证明，一个领导者要想拿出威力，要想整顿纪律，必须要做到“赏罚分明”。赏罚分明，赏罚有信，这是管理下属的重要手段之一。

武侯问曰：“兵以何为胜？”吴起对曰：“以治为胜。”又问曰：“不在众乎？”吴起对曰：“若法令不明，赏罚不信，金之不止，鼓之不进，虽有百万，何益于用？”

智慧启示

赏是为了激励，罚是为了警醒，赏罚分明是领导者必须遵循的原则。人生在世，应刚柔并济，只有柔不能立事，只有刚不能立威。惟有赏罚分明，刚柔并济，才能做到号令如山，你才能轻松自如地御人，最终获得成功。

恩威并施，宽严相济

职工平时马马虎虎，我一定会批评，但有时做错事，你应该给他改正的机会。

——李嘉诚

用人之智去其诈，用人之勇去其怒。意思是说，在用人的时候，要用智谋时就必须去掉他的奸诈，用他的勇敢就必须去掉他的怒气。如此恩威并施，软硬皆用，方能征服人心。李嘉诚认为，恩威并施，就是在驾驭下属的时候，既要施之以恩，感化影响，从而赢得下属的信任；又要施以权威，查验所为，使下属对自己有敬畏之感。恩威并施，其实就是将恩惠与惩罚两种手段一并使用。自古以来，那些卓越的政治家、统治者都会运用软硬策略，施以恩惠，使你臣服于我，同时又以武力和惩罚对付你叛乱的行为。

在现实生活中，许多领导者走向了两个极端：一是对下属太好，凡事都容忍，手段太弱；二是对下属太严，凡事都苛刻，手段太硬。结果，无论怎么样，下属就是不肯服从自己。其实，问题的症结在于，太弱或太强的的方式都不适合驾驭下属。要想驾驭下属，就应该了解下属，对症下药，该强的时候强硬，该弱的时候容忍，如此才能成功地驾驭下属，否则，使出你浑身解数也无法征服人心。

刘铭传本是李鸿章手下的得力干将，后来为曾国藩所用。从曾国藩收服刘铭传的过程中，我们可以清晰地看到曾国藩的软硬皆施法。

刘铭传出生在民风强悍的淮北平原，他从小就养成了天不怕地不怕的豪霸之气。刘铭传十八岁的那年，有一个土豪到他家去勒索，其父亲和哥哥都害怕得跪地求饶，可刘铭传却不，他听闻此事后就前去找土豪报仇。那位土豪欺负他年少，用言语对他进行侮辱，不想刘铭传大跨步上前去，抢过大刀就割下了土豪的首级。后来，刘铭传在当地拉起了队伍，成了有名的流氓头。

不巧，李鸿章奉曾国藩之命招募淮军的时候，第一眼就看中了刘铭传。于是，将刘铭传的队伍招募入淮军，名为“铭军”，还花钱给其购置枪支弹药，将这只铭军装备成了武装军队。虽然，这支军队为李鸿章立下了不少战功，但刘铭传太狂妄，使得李鸿章大感头疼。后来，在曾国藩需要借用淮军剿捻军的时候，李鸿章就将“铭军”拨给老师，希望他能加以管教。

在剿捻军的过程中，刘铭传与另一个将领发生了争斗。曾国藩感到十分为难，如何处理这件事呢？不处理吧，双方都不能静下来，说不定以后还会有矛盾；处理吧，他毕竟是李鸿章的手下，而且，自己还要倚重于他。于是，曾国藩想了一个万全之策，他对刘铭传进行一顿严厉斥责，话说得很严厉，但对其过失不予追究，这一招果然管用，刘铭传对曾国藩心生敬畏。

就这样，刘铭传在曾国藩的教诲下，带领着铭军在中法战争中一举打败法军。1885年，清政府将台湾正式改建为省，刘铭传当即被任命为台湾第一任巡抚。

曾国潘明白，对于那些有才无德的人，要控制使用，就好像用剑一样，控制好了，就可以成为一把利器，若是控制不到位，就会成为一柄凶器。在湘军中，悍将并不少，大多悍将粗鲁、莽撞，但是在他们身上也有不少优点，诸如勇敢，在冲锋陷阵的时候，真是少不了他们。而且，悍将就像是一匹烈马，要想使用他，就先收服他，不过要想用好悍将确实是一件不容易的事情。然而，曾国藩却是驾驭烈马的好手，软硬皆施，收服悍将可谓是轻松自如。

索尼公司是靠生产电子产品起家的，随身听是该公司的重要产品。有一次，公司的一家分厂的产品出现了问题，其产品是远销东南亚的，总公司不断收到来自东南亚的投诉。后来，经过公司的调查，发现是随身听的包装出了问题，并不影响质量，不过董事长盛田昭夫却不依不饶。

于是，那位分厂厂长被叫到公司的董事会上，陈述自己的错误。在会议上，盛田昭夫对其进行了严厉的批评。那位厂长在公司干了几十年，没想到当着这么多人的面被骂，心里十分难过，忍不住哭了起来。

会议结束后，厂长神态窘迫地走出会议室，在他心中已经打定注意递交辞呈了。这时，董事长的秘书走过来，邀请他一块去喝酒，两人进了一间酒吧，厂长问：“我现在是被总公司抛弃的人，你怎么还这样看得起我。”秘书说：“董事长一点也没忘记你为公司作的贡献，今天的事情也是出于无奈。会后，他害怕你为这事伤心，特地让我请你喝酒。”听了这话，厂长的心里平衡了些，对之前受批评的事情也不那么在意了。

盛田昭夫是恩威并施的好手，在涉及总公司利益的时候，他丝毫不敢懈怠，哪怕只是一个小错误，他也要追究到底，希望其他的下属以此为戒。但是，考虑到这位厂长是老员工，如此严厉的指责似乎不那么恰当，于是在会议后，又让秘书来施以恩惠，表达自己的歉意。如此一来，恩威并施，厂长在不知不觉间就接受了之前的批评，从而心生感激，竭尽全力为公司效力。

智慧启示

那么，领导者该如何做到恩威并施呢？正如松下幸之助所说“经营者对于部下，应是慈母的手紧握钟馗的利剑，平日里关怀备至，犯错误时严加惩诫，恩威并施，宽严相济，如此才能成功统御”。

只有平庸的将，没有无能的兵

假如今日，如果没有那么多人替我办事，我就算有三头六臂，也没有办法应付那么多的事情，所以成就事业最关键的是要有人能够帮助你，乐意跟你工作，这就是我的哲学。

——李嘉诚

李嘉诚认为，长江实业能扩展到今天的规模，主要归功于下属同事的鼎力合作和支持。而且令他感到骄傲的是，在过去十多年中，公司中高层行政人员流失率不到1%，比香港的任何一家大公司都要少。

只有平庸的将，没有无能的兵。大凡优秀的领导者总是可以从身边挖掘人才并充分发挥他们的潜能，而那些拙劣的领导者总是抱怨无人能用。于是，那些优秀的领导者带领身边的人才不断走向成功，而那些拙劣的领导者却在抱怨中走向没落。作为领导者，应该学会将权力放手给别人，有的领导者是天生喜欢操心，他的心无时无刻不是在担心这担心那，好像一刻也不能放松，于是他的整颗心都是紧绷着的。在生活中，无论是大事还是小事，他们都不放心别人去做，而是亲力亲为。当然，凡事都亲力亲为，这是一种负责任的态度，但若是太过亲力亲为，那就是有点以自我为中心了。对下属给予信任，将权利放手给别人，这才是应有的成功者的风范。

王姐从小就有个习惯，对于有关于自己的事情，她必然是自己去做，她不放心任何人去做。在她年纪尚小的时候，有一次，她背着沉重的东西回家，身边的朋友好心建议说："让我帮你背一程吧。"结果她拒绝了，理由是怕对方将她的东西掉地上了。

长大后，王姐的这个习惯更是日益严重。高中毕业后，王姐就在一家蛋糕店当了收银员，平时没事就是守在那个柜台边，不让任何人接近自己的工作位置。店长吩咐："你在有时间的时候，教教店里的导购收银。"结果，王姐从来不放心将自己的工作让别人去干。就因为这样独特的习惯，她在店里的人缘相当不好，但她工作倒是很负责任，工作了几年之后，她升职当了店长，这样她显得更忙了。早上，她是第一个到店里，晚上她是最晚离开，因为她不放心任何一个店员，她需要亲力亲为收货、摆货、收银，虽然这样一来，自己算是放心了，但长久以往这样拼命地上班，王姐真是疲惫不堪。

王姐终于累到了。躺在医院里，她所担心的还是蛋糕店："今天货到齐了吗？""货物摆放得整齐吗？"坐在床边的老公忍不住说："你总是这样，凡事亲力亲为，你以为自己多伟大，但其实是抹杀了店员们表现自我的机会。今天早上我路过蛋糕店，发现没有你，他们依然将事情做得很好，你就不用操心了，你现在是店长了，很多事情完全可以交给别人去做。如果你总是操心，那你永远有操不完的心。"

在案例中，王姐虽然升职成为了店长，但她没有将手中的权力放手给下属，对店里的很多事情总是亲自去做，结果病倒在床上，她的累不仅在身体上，而且来自于心理。因为太过于操心，她几乎每时每刻都在想还有什么事情没做好，就像一个陀螺一样不停地转，直至最后无力地摔倒在地上。其实，她完全没必要这样累，放手将一些事情交给别人去打理，不仅轻松了自己，而且给予了下属表现自我的机会。

在李嘉诚看来，权力的存在是一个十分合理的现象，对于领导和下属而言，却是一个敏感的话题。权力就意味着权威，领导需要这样的权威，下属也需要在这个权威下尽量自由支配自己的各项活动。无疑，这就形成了一个矛盾，其焦点在领导和下属之间移动，而领导者就是支配者。在很多时候，领导应该放手一些权力给下属。领导者所扮演的角色就无疑于一个母亲，当一个母亲放手让孩子跑步的时候，她确信孩子已经能跑了；当孩子在懵懂中被母亲放手后才知道母亲放手的原因，因为孩子已经得到了信任。理由是权力，领导者放手权力给下属，也就是说，我信任你了，给你权力，你必须得去巩固它，发展它，那下属就很快变得优秀起来。

1.肯定下属

英国女演员和诗人乔吉特·勒布朗说："人类所有的仁慈、善良、魅力和尽善尽美只属于那些懂得鉴赏它们的人。"任何一个下属都希望得到别人的肯定，尤其是上级的认可。美国著名的企业管理顾问史密斯指出："一个员工再不显眼的表现，若能得到领导的认可，都能对他产生激励的作用。"

2.信任下属

权力是一切的基础，在此基础之上产生信任后释放权力。虽然，信任是一个很简单的词，却是一个包含深妙玄机的改变，信任产生的心态就是认可，领导只有认可了下属才能信任他。一位管理学家说："我相信下属具备必须的技能和设备，能推动我授权执行的任务，于是我得以专心思考策略问题。"放手一些权力，不仅是领导者的自我松绑，而且也是一种本质的需要。

智慧启示

生活中，一个人操心太多就会使其身心疲惫，反之如果将别人能做的事情交给其去做，自己只是观看或指导，这样反而会轻松很多。当然，要想培养这样的习惯，首先应该学会信任别人。

第15章

竞争策略——方法比能力重要

现代社会，企业处于一个激烈竞争的环境中，而新的竞争对手依然在不断地进入，整个行业内整合不断。在这样一个瞬息万变的市场环境中，谁能掌握市场的先机，谁能及时地了解竞争对手的动态，谁就在竞争中掌握了主动，就会赢得最后的胜利。

敢于竞争，占据主导位置

做生意是对一个人的考验，无论面对怎样的挑战，都不应该有丝毫的犹豫，竞争即搏命，更是斗智斗勇。倘若连这点勇气都没有，谈何在商场立脚，超越置地。

——李嘉诚

李嘉诚认为，竞争是不可避免的，人与人之间的竞争不见得全是坏事。古人有“并逐曰竞，对辩曰争”的说法，意思是说：你追我赶，互相辩论，就叫做竞争。人若不参加竞争，就不够紧张，不会活跃，内心深处的热情就调动不起来，你自己的潜能就发挥不出来。可见，我国古人对于竞争及其作用，已经有了相当的了解。

实际上，在我们从事的各项活动中，都存在着各种形式的竞争。谁的工作业绩最突出？谁的演说口才最好？谁的动手能力最强？甚至谁经常受到单位领导的表扬等等，都可能形成无形的竞争。因此，我们在生活和工作中应当自觉培养自己的竞争意识和竞争精神。但是在我们的意识里，总是以为竞争就是带着残酷和血腥的，所以，很长时间里只提倡团结合作，而不提倡竞争。其实，列宁就是竞赛和竞争的倡导者，他认为竞赛和竞争可以“在相当广阔的范围内培植进取心、毅力和大胆首创精神”。

一个人在平等的竞争中，能够充分发挥自己的聪明才智，能够极大地发扬自己的创新精神和奋斗精神。因此，竞争可以成为催人上进的有效动力。在心理学中竞争被视为能激发一个人自我提高的一种动机和形式。

20世纪70年代，李嘉诚在房地产经营方面遭遇了一个强劲的对手——英姿地产巨头置地公司。但是，李嘉诚并不感到害怕，他花了大量的时间做足了准备，一举战胜置地赢得最后的成功。

当时，李嘉诚初步提出超越置地的目标，身边许多人都表示这是不可能的事情。在业界人士看来，当时的置地公司是香港呼声最高的房地产巨头，实力雄厚，被誉为“三级超升”。面对这样的地产大亨，若要与之竞争，显得狂妄多于理智。

但是，李嘉诚却有自己的分析，在经营房地产的过程中，资金和策略具有非常重要的地位。李嘉诚作为一个有远见和胆识的企业家，尽管资金方面有所欠缺，不过他没有就此止步，而是努力再创佳绩。当时，香港股市动荡不安，他冒着破产的风险，先后发行了近2000万股股票，筹集资金两亿多元，组建“都市地产”公司，与风行一时的“新鸿基”“亨隆”等集团公司实行联营，买入建筑旧址后兴建大厦，快速脱手后获利亿元。

就这样，到1987年，长江实业拥有房屋1500万平方英尺，而置地仅有1300万平方英尺。长江成功地超越了置地。

按照达尔文生物进化论的观点，在自然界中，到处都存在着竞争的法则，在这种竞争法则的作用下，这个世界才显得生机勃勃。如果一个物种失去了竞争，这一物种就会失去活力，死气沉沉而陷入灭种的边缘。

在动物界，狼是一种非常聪明的动物，如果让单个狗与单个的狼搏斗，败北的肯定是狗。狗与狼是近亲，它们的体型也难分伯仲，但为什么败北的总是狗呢？有人曾仔细地对狗与狼进行研究。结果发现，经人类长期豢养的狗，因为不需面临生存的危机，脑容量大大小于狼，而生长在野外的狼为了生存，它们的大脑被很好地开发，不但非常有创造性，而且有着超乎寻常的生存智慧。

竞争意识比较强的人，勇于投入竞争，积极从事各项具有竞争性质的活动，增强自身的活力和动力，缩小自己能力与目标之间的差距。相反，一个竞争意识比较弱的人，或者是一个害怕竞争的人，往往会把竞争中一时的胜负看得过重，更缺乏把失败看作是成功的先导的胸怀，一旦遇到挫折，就想从该项活动中退出去。

1.对手让自己进步

许多人都把对手视为是心腹大患，是眼中钉，肉中刺，恨不得马上除之而后快。其实拥有一个强劲的对手，是一种福分，一种造化。因为一个强劲的对手，会让你时刻有种危机四伏的感觉，它会激发起你更加旺盛的精神和斗志。

2.勇于面对挑战

事物的法则，永远是用进废退。这是颠扑不破的真理。一个人，要想在异常激烈的社会竞争中不被淘汰，还是有一点生存危机的好，因为他能使你充满活力而富有朝气地去面对挑战。

智慧启示

有了竞争对手后，我们还应当树立正确的竞争观念，把对手当做生活的一面镜子，从尊重和欣赏的角度出发，学习对方的长处。在竞争中，不断完善自我，弥补自己的不足，促进自己的发展，这样才能挖掘自己的潜力，踏上成功的道路。

百川纳海，勇者为先

决定一件事时，事先应小心谨慎，研究清楚，当决定后，就勇往直前去做。

——李嘉诚

李嘉诚能打败那么多竞争对手，从众多商人中脱颖而出，其秘诀在于其拥有勇气和智慧。一个没有胆识的人，再好的机会到来，也不敢去掌握与尝试；因为不敢尝试固然也就没有失败的机会，但也失去了成功的机运与喜悦，只有具有勇敢精神才能做出惊人的事业。

英国19世纪女作家乔治·爱略特曾说："犹豫代表了胆怯，意味着害怕失败，而丧失勇气去尝试的同时亦失去了唯一一点你可能成功的理由。"人的一生是短暂的，带着勇气去敲响成功的大门，你就有成功的希望。要做个成功者，重要的是学会在困难时刻如何坚持前进。为了尽可能地赢得机会，你必须在紧急情况和发生问题时勇敢面对，坚持下来。只要你积极为克服困难而努力，就会有机会找出新出路，要相信勇敢出才干。

如果失去了金钱，失去的也只是一点点；如果你失去了勇气，那你就什么都失去了。哪怕有再多的知识、再强大的体魄，也无济于事。有人认为勇气是天生的，事实上勇气大部分靠的是后天锻炼和培养的。

很多时候并不是你的能力不行，也不是你没有机会成就大事业，而是你信心不足，勇敢不够，骨子里成长着一种天然的惰性，一遇上困难就要退缩了，放弃了。成功者不是这样，他们敢于与命运抗争，劲头十足，不断前进，直到取得自己满意的结果。

人生好比一座山峰，需要我们去攀登。在攀登的过程中，有悬崖也有峭壁，这时就需要有勇气去攀登。勇气是成功的前提，拥有勇气，你就向成功迈进了一步。其实，所谓的成功者，他们与其他人的区别就在于，别人不愿意去做的事，他去做了，而且全身心地去做。所以，成大事其实首先需要那么一点点勇气。

"勇敢"是一个想获得成功的人必不可少的品质。蒙哥马利在他的回忆录中这样说："要取得成就有很多必要条件，其中两条非常重要，那就是苦干和正直。现在得再加上一条：勇气。"很多时候，成功的门都是虚掩着的，勇敢地去叩开成功之门，并大胆地走进去，才能探寻出个究竟来。或许，那时出现在眼前的真的就是一片崭新的天地。

一天，某公司总经理向全体员工宣布了一条纪律："谁也不要走进8楼那

个没挂门牌的房间。”但是，他没有解释为什么。此后真的没人违反他的这条“禁令”。

三个月后，公司又招聘了一批新员工。在全体大会上，总经理再次将上述“禁令”予以重申。一个新来的年轻人偏偏来了犟脾气，非要把事情弄个水落石出不可。于是，他决定冒公司之大不韪，走进那个房间探个究竟。这天，他爬上8楼，轻轻地叩了叩那扇门，没有反应。年轻人不甘心，进而轻轻一推，虚掩着的门开了。房间里没有任何摆设，只有一张桌子。年轻人看到桌子上放着一个纸牌，上面用毛笔写着几个醒目的大字——“请把此牌送给总经理”。当年轻人自信地把纸牌交到总经理手中时，仿佛期待已久的总经理一脸笑意地宣布了一项让年轻人感到震惊的命令：“从现在起，你被任命为销售部经理助理。”

在后来的日子里，那个年轻人果然不负众望，不断开拓进取，把销售部的工作搞得红红火火，并很快被提升为销售部经理。事后，总经理才向众人做了如下解释：“这位年轻人不为条条框框所束缚，敢于对上司的话问个‘为什么’，并勇于冒着风险走进某些‘禁区’，这正是一个富有开拓精神的成功者应具备的良好素质。”

一个人的成功并不在于你取得多大成就，而在于你是否具有屡败屡战、敢于坚持的勇气。成功者不比普通者更有运气，只是比普通者更能延续最后5分钟的勇气。意大利著名记者法拉齐说：“人只要有勇气，就没有办不成功的事。”她就是凭着一股勇气，采访了诸多国家的首脑，为人们做出了榜样。

谁也不想使自己的一生碌碌无为，人人梦想一生成功、富贵，可是只有少数人与成功、财富结缘。我们常抱怨自己没有遇到好机会、生不逢时，然而机会一旦降临，你是否有足够的勇气和胆识去把握？中国首富陈天桥无视破产和合作商撤资的危机，坚定自己的信念，勇敢果断地进军网络领域，刮起了一股网络旋风，创造了令人惊叹的财富奇迹。

智慧启示

那些成功的人，即使失败了100次，也会第101次发起冲击，只要有一口气，他就会努力去拉住成功的手。奋斗者，破产只是一时；而不去奋斗，则必将一生贫穷。只要你没有失去勇气，敢于拼搏，就一定会取得成功。

先挑战自己，才能战胜别人

我个人和公司都是在竞争中成长的。我事业刚起步时，除了个人赤手空拳，没有比其他竞争对手更优越的条件，一点也没有，这包括资金、人脉、市场等等。很多人常常有一个误解，以为我们公司快速扩展是和垄断市场有关，其实我个人和公司跟一般小公司一样，都要在不断的竞争中成长。

——李嘉诚

李嘉诚认为，在竞争中，如果你做什么事情只会做“规定动作”，只满足于和别人做得一样好，而不能突破自我、超越别人，你就难以在如林的强手中胜出，在激烈的角逐中夺魁。

如果你是一位营销人员，但是当众演讲又是你最发怵的事情，那你就每天“逼”自己对着镜子练习讲话；如果你是一位公关人员，但是你恰巧又是一个内向的人，那你就每天“逼”自己主动与业务伙伴联系，或是打电话，或是发E-mail，或是相约见面；如果你从中学时就讨厌学外语，可是你又想获得硕士学位，那就不得不硬着头皮，每天“逼”自己练习听力、复习语法，再一口气做完一套模拟试题……

成功者在种种复杂而恶劣的环境里，仍然能一如既往地保持不断向前超越的观念。只有做到如此，你才能获得更大的成功。成功，在于不断超越。超越是一种突变，一种解放，一种升华，正是这种超越，人类才能从蒙昧无知的洪荒远古走向文明昌盛的今天。只有勇于超越，不停地调整生命的目标，我们才能从一个高峰跃向另一个高峰，在生命的峰巅之上，领略壮美的风光。

一位音乐系的学生，其指导教授是位极其有名的音乐大师。授课的第一天，教授给自己的新学生一份乐谱。“试试看吧！”他说。乐谱的难度颇高，学生弹得生涩僵滞、错误百出。“还不成熟，回去好好练习！”在下课时教授如此叮嘱。

学生练习了一个星期，没想到第二周上课时，教授又给他一份难度更高的乐谱，“试试看吧！”学生再次挣扎于更高难度的技巧挑战。第三周，更难的乐谱又出现了。同样的情形持续着，学生每次在课堂上都被一份新的乐谱所困扰，然后把它带回去练习，接着再回到课堂上，重新面临两倍难度的乐谱，却怎么样都追不上进度，一点也没有因为上周练习而有驾轻就熟的感觉，学生感到越来越不安、沮丧和气馁。教授走进练习室，学生再也忍不住了。他向钢琴大师提出这三个月来何以不断折磨自己的质疑。教授没开口，他抽出最早的那份乐谱，交给了学生。“弹奏吧！”他以坚定的目光望着学生。

不可思议的事情发生了，连学生自己都惊讶万分，他居然可以将这首曲子弹奏得如此美妙、如此精湛！教授又让学生试了第二堂课的乐谱，学生依然呈现出超高水准的表现……演奏结束后，学生怔怔地望着老师，说不出话来。

“如果，我任由你表现最擅长的部分，可能你还在练习最早的那份乐谱，就不会有现在这样的水平……”钢琴大师缓缓地说。

人的一生，最大的敌人不是别人，而是我们自己。只有超越自我，才能懂得怎样去衡量别人的价值；只有超越自我，才能明白如何接纳自己以外的一切；只有超越自我，才能使自己的人生更加丰富多彩；只有超越自我，才能展望到生命的全貌，绘画出人生没有断点的轨道。

让自己进步的方法很多，“每天做点困难的事”，就是“逼”自己进步的办法之一。美国学者爱默生说：“永远做你害怕的事！”毕业于哈佛大学的美国哲学家詹姆斯也说：“你应该每一两天做一些你不想做的事。”这两句话讲的都是同一个永恒不灭的真理，它是人生进步的基础和上升的阶梯。的确，谁不想安安稳稳地走完人生之路，谁愿意累死累活地跟自己过不去呢？可是，如果不这样，我们就不可能进步。

世界著名的大提琴手巴布罗·卡沙斯，在取得举世公认的艺术家头衔后，并没有为此而不再去练习，不再去努力。他还是和以前一样，依然每天坚持练琴6小时，养成了“行动再行动”的良好习惯。有人问他为什么仍然还要练琴，他的回答很简单：“我觉得我需要进步。”

人生是一条奔腾不息的河流，永远不会停留在一个地方，也不会停留在某一阶段，它需要不断地超越。超越是升华，是突变，是人生不可缺少的阶段。没有这种超越，一个人就不可能成长为一个真正的人；没有这种超越，人类就不可能从愚昧无知的远古走到文明昌盛的今天。人活在世上，不能总为自己的那点“小成绩”而沾沾自喜，贪图安逸享受，放弃了努力奋斗的过程。满足现状的人，永远也享受不到人生的真正乐趣。

1.先超越自己

只有不断超越，才能领先竞争对手，才能在竞争中赢得更大的胜利。竞争是人才的竞争，更是技术创新的较量。能不能在以后的日子里，继续保持领先的地位，需要我们一如既往地努力工作，更需要我们不断地去超越，从而来保持自己永远不败的地位。只有努力创造，全力拼搏，不断超越，才能在激烈的竞争中赢得自己的位置，使生命碰撞出耀眼的火花。

2.或许你比想象中优秀

有一位心理学家曾经说过：“你一定比你想像的还要好。”但是许多人并不这样认为。杰出人士往往在小小年纪时就怀有大志，就想与众不同，无论遇到任何磨难，仍相信自己是最好的。你是不是有这样的信念，有别人打不倒的自信心呢？你的坚持有多久，你的自信就有多强，你的路就有多长。

智慧启示

每一个人都应该永远记住这样一个道理，只有不断超越自我的人，才是一个真正聪明人。人生在世，你只要按照自己的禀赋发展自己，不断地超越心灵的绳索，你就不会忽略了自己生命中的太阳，而湮没在他人的光辉里。不要以为自己很聪明就不努力，你应该把聪明看作是自己你的一个新起点，而不是终点。一切都会成为过去，迎接你的将是一个个新的挑战。

保持自我，赢得竞争

有金钱之外的思想，保留一点自己值得自傲的地方，人才活得更加有意义。

——李嘉诚

李嘉诚认为，能否真正认识自我、肯定自我、塑造自我，将在很大程度上影响或决定着一个人的前程与命运。我们每个人的个性、形象、人格都有各不相同的特色，保持自我的本色，用自我创造性去赢得一个新天地，是更有意义的东西。

现实粉碎着我们的理想。我们会逐渐发现，自己不是那样完美，也不可能变成理想的自己，总是有着这样那样的缺点。接纳自己需要勇气，也需要毅力。接纳自己，是一个漫长而痛苦的过程，也是一个人长大、成熟的过程。

其实，生命的价值不依赖我们的所作所为，也不仰仗我们结交的人物，而是取决于我们本身。我们是独特的，永远不要忘记这一点。生命没有高低贵贱之分。一只蜜蜂和一只雄鹰相比虽然不起眼，但它可以传播花粉从而使大自然色彩斑斓。任何时候都不要看轻了自己。在关键时刻，你敢说“我很重要”吗？试着说出来，也许你的人生会由此揭开新的一页！

在一次讨论会上，一位著名的演说家没讲一句开场白，手里却高举着一张20美元的钞票。面对会议室里的200个人，他问：“谁要这20美元？”一只只手举了起来。他接着说：“我打算把这20美元送给你们中的一位，但在这之前，请准许我做一件事。”他说着将钞票揉成一团，然后问：“谁还要？”仍有人举起手来。

他又说：“那么，假如我这样做又会怎么样呢？”他把钞票扔到地上，又踏上一只脚，并且用脚碾它。尔后他拾起钞票，钞票已变得又脏又皱。“现在谁还要？”还是有人举起手来。

“朋友们，你们已经上了一堂很有意义的课。无论我如何对待那张钞票，你们还是想要它，因为它并没贬值，它依旧值20美元。人生路上，我们会无数次被自己的决定或碰到的逆境击倒。我们觉得自己似乎一文不值。但无论发生什么，或将要发生什么，在上帝的眼中，你们永远不会丧失价值。在他看来，肮脏或洁净，衣着齐整或不齐整，你们依然是无价之宝。”

为了学习喜欢自己，我们必须面对自己的缺点，容忍自己的缺点，我们必须认识到，没有任何人，包括我们自己，能够100%地优秀。要求别人完美是不公平的，要求自己完美更是荒唐。所以，千万别这么苛待自己。有时候，我们要试着练习自我放松，要学习喜欢自己。

一个人最为看重的幸福和成功只能从自己生命的本色里去获得。富翁看重金子，而本分的庄稼人却看重脚下那片拴紧他们灵魂的土地，因为他们深信“泥土里面有黄金”。失去本色的人生是灰色的、无光泽的人生，做人就应该保持自己的本色。

蜚声世界影坛的意大利著名电影明星索菲亚·罗兰的成名经历十分传奇。在她16岁的时候，怀着成为电影明星的梦想，只身来到了罗马，没想到，她第一次试镜就失败了。所有的摄影师见了她，都连连摇头，说她达不到美人的标准，都抱怨她的鼻子和臀部不完美。

导演卡洛·庞蒂把罗兰叫到办公室，建议她把臀部削减一点儿，把鼻子缩短一点儿。言外之意，导演还是想用她做演员。一般情况下，许多演员都对导演言听计从。何况，导演并没有拒绝她，更何况，罗兰正做着明星梦呢！可是，罗兰年纪虽小，却非常自信，她毫不迟疑地拒绝了导演的要求。她说：“我要保持我的本色，我不愿意做任何改变。”正是由于罗兰的坚持，使导演卡洛·庞蒂重新审视她，开始了解她、欣赏她，并真正认识了索菲亚·罗兰。

罗兰没有对摄影师们和导演的话言听计从，没有为迎合别人而放弃自信，这使她得以充分展示自己与众不同的美。而且，她的独特的外貌和热情、开朗、奔放的气质，得到了人们的喜爱。后来，她主演的《两妇人》获得巨大成功，并因此而荣获奥斯卡最佳女演员金像奖。

当索菲娅·罗兰获得了成功之后，她在自传中写道:“自我开始从影起，我就按照自己的想法行事，我谁也不模仿，也从不去奴隶似地跟着时尚走。

我有自己的想法，也有自己的判断，我只要求我就像我自己。”

一个人在自己的生活经历中，在自己所处的社会境遇中，能否真正认识自我、肯定自我，如何塑造自我形象，如何把握自我发展，在很大程度上影响或决定着一个人的前程与命运。换句话说，你可能渺小而平庸，也可能美好而杰出，这在很大程度上取决于你的自我意识究竟如何，取决于你是否能够拥有真正的自信。

1.直面自己的优点和缺点

直面自己的缺点需要勇气，更需要坦诚，需要包容。认识自己的优点和缺点，明白自己想做的不一定就能做，明白自己能做的不一定全能做好，我们便会自信、自强，便多一些快乐，少一些烦恼。相反，斤斤计较自己的缺点，不原谅自己的失误，则会使我们沮丧、自卑。接受真实的自己，客观地对待自己，我们就能善待自己，善待他人。

2.保持自我的态度

成功掌握在自己的手中，一个人对自我的态度，既可以作为武器，摧毁自己，也能作为利器，开创一片无限快乐与平和的新天地。要知道，你在这个世界上是唯一的，应该为这一点而庆幸，应该尽量利用大自然所赋予你的一切。

3.你就是你

你只能唱你自己的歌，你只能画你自己的画，你只能做一个由你的经验、你的环境和你的家庭所造成的你。不论好与坏，你都得自己创造一个自己的乐园；不论是好是坏，你都得在生命的交响乐中，演奏你自己的小乐器。

智慧启示

真实是难得之美。当我们与自己内心和谐一致的时候，我们觉得自己是真实的。真实就像循环的能量一样帮助我们充满活力。保持做人的本色，就是不要丢掉自己真实的一面，用你真实的一面去观察，你就能够透过肤浅的表象，看到一个人的实质。

按兵不动，以静制动

李嘉诚是一个沉着冷静的人，不管遇到了什么事情，他总能够以静制动，看准时机了才出手。以静制动，也就是静非不动，敌不动我不动，静观其变。静和动是相对而言的，在双方的对峙中，需要以静制动，你若按捺不住，四处乱动，那么你的胜算就会少之又少；如果你能以静制动，那么在你与对方的周旋过程中，就会逐渐将你的劣势，变为优势，对方就处于被动地位，再伺机找准机会出手，即可打倒对手。

李先生一直在从事印刷业，在经营了多年之后萌发了退休的念头。他原来从美国购进了一批印刷机器，经过几年使用后，扣除磨损费应该还有250万美元的价值。他在心中打定主意，在出售这批机器的时候，一定不能以低于250万元的价格出让。于是，他在报纸上做了广告，出售那批印刷机器。

一个阳光明媚的星期天，来了一位买主，他一张口，就针对那台印刷机器的状况滔滔不绝地讲了很多缺点和不足，这让李先生十分恼火。但是他在自己刚要发作的时候，突然想起自己250万元的低价，于是又冷静了下来，一言不发地看着那个人继续滔滔不绝。

结果到了最后，那人再也没有说话的力气，突然蹦出一句："嘿，老兄，我看你这个机器我最多能够给你350万元，再多的话我们可真是不要了。"这时，李先生静不下去了，一口应承："好！就这么说定了。"于是，李先生很幸运地比计划多卖了整整100万美元。

正所谓"静者心多妙，超然思不群"。一些习惯于滔滔不绝的人往往是最沉不住气的人，一旦遇到了冷静的对手，他就最容易失败，因为急躁的心情让他们没有时间考虑自己的处境与位置，他们也不会静下心来思考有效的对策。而李先生以静制动，充分掌控了主动位置，等待时机出手，一下子就抓住了事情的要害之处，达到了自己的目的。

在杭州，胡雪岩创办了胡庆余堂，位于杭州的两家老字号药店却感到威胁来了。杭州城内的许广和、叶种德两家药店自持创办历史悠久，实力雄厚，便下定决心要与胡雪岩的胡庆余堂打一场价格战，希望以降价的方式将胡庆余堂挤垮。

价格战一开始，许广和、叶种德两家药店纷纷拿出了看家本领。胡庆余堂出售的高丽参每两二钱银子，他们便降价，卖一钱七；胡庆余堂的准山药每两五厘纹银，他们就只卖四厘。降价后，确实也拉回了不少顾客。按照一般商人，肯定会以牙还牙，你降价我也降价，再把客户拉回来，而且，胡雪岩有钱庄、典当做资产后盾，有足够的实力来跟对方拼价格。但是，胡雪岩却有自己的招数，那就是“以静制动”。药店的价格从来不降，看着别人降价，也不眼红。

等到许广和、叶种德两家药店的价格降得差不多了，胡雪岩找准机会，打出了“真不二价”的招牌。原来，在这之前，胡雪岩已经仔细想过了：许广和、叶种德两家药店降价的举措，只会亏了自己，不用等到挤垮别人，有可能自己就先垮掉了。而且，降价的话有可能会选择劣等货，以次充好，这样的后果将导致药品质量的下降，这样做下去只会砸了自己的招牌，毁掉自己的名声。

是胡雪岩对自己药店的药品质量十分有信心，就这样，他“以静制动”，成功地赢回了市场。

与李嘉诚一样，胡雪岩也是一个善于谋略的专家。试想，如果看到许广和、叶种德两家药店降价，他也紧跟着降价，以拉回顾客，那么本来的主动位置一下子就变成了被动，还真有可能被对方击垮。而胡雪岩恰恰是以静制动，无论你怎么样降价，我都不作声，等到你的价格降得差不多，没有机会提价的时候，我再打出“真不二价”的响亮招牌。这样一来，胡雪岩轻轻松松就成为了最后的大赢家。

如果你动的比对方多，对方就被迫处于少动的位置，这时候对方有可能会反过来上演一番“以静制动”。安静等待时机的到来，我们才能牢牢地占据主动的位置，这是处世之妙，更是度势之术。

1.不要暴露自己的弱点

静，可以把自己的弱点藏起来；动，则会暴露自己的弱点。在动物世界里，蛇在进攻时总是先盘起身子，静观敌人的动向，在敌人暴露弱点的那一瞬间，杀死敌人。蛇就是以静掩藏自己的弱点，静等对方露出弱点时发起进攻。有时候，只要你一行动就会暴露自己的弱点，而对方则会收集到关于你的各种信息，你就如同是屠场上的羊，只能任人宰割了。

2.事临头上用三思，话到嘴边留半句

动物尚能明白“以静制动”的道理，身处复杂社会的我们更要明白“事临头上用三思，话到嘴边留半句”的道理。以静制动，以不变应外变，适时地保持安静，这是一种智慧的处世之术。在生活中，我们要学会沉默，以静制动，不要轻易出手，必须在某个地方静静地观察对方的一举一动，根据对方的行动来决定自己该采取什么样的办法，这样才有可能达到自己的目的。

智慧启示

在经商过程中，李嘉诚遭遇了不少股市动荡情况，但是，他始终坚持着“以静制动”的原则，一一打倒了那些企图排挤他的对手。在现实生活中，我们也经常碰到这样的情况，当对方没有采取行动的时候，你也需要静等，千万不要盲目采取行动。

第16章

营销策略——无招胜有招

李嘉诚曾说：“我一生最好的经商锻炼是做推销员，这是我用10亿元也买不来的。”许多人一说到销售，总是简单地以为是“卖东西”。但这其实是简单地理解销售。

找到客户的在意点

因为信赖感建立起来后，你和对方都会感觉很舒服。这个时候，要通过提问来找到客户的问题所在，也就是他要解决什么问题。

——李嘉诚

李嘉诚说：“我们怎样才能找到客户的问题所在呢？只有通过大量提问，才能了解客户到底想通过这次购买解决什么问题。一个优秀的营销人员会用80%的时间提问，只用20%的时间讲解产品和回答问题。”

将自己的特点归因到对方身上的倾向，即以己度人，认为自己具有某种特性，对方也一定会有与自己相同的特性。于是，他们把自己的感情、意志、特性投射到对方身上并强加于人，其实这是一种认知障碍。比如，一个善良的人认为对方也是善良的，一个敏感多疑的人，则往往会认为别人都是不怀好意的。我们对他人的知觉产生失真，在对他人形成印象时，我们有一种强烈的倾向就是假定对方与自己有相同之处，但实际上对方所具备的特性与我们却是全然不同的。由于更倾向于自己是什么样的人来知觉他人，而不是按照被观察者的真实情况进行知觉，这是一种严重的认知心理偏差，它会给正常的人际交往带来严重的负面效应。所以，在日常交际中，我们需要克服这样的心理，善于从言谈比较中挖掘对方的欲望点，继而影响其心理。

1964年，刚从海军学校毕业的吉米．卡特，遇到了海军上将里．科弗将军。当将军让他谈谈自己的事情的时候，吉米·卡特为了获得里·科弗将军的喜欢，骄傲地谈起了自己在海军学院的成绩。他说自己在全校820名毕业生中，名列58名。他自认为将军听了他的成绩后一定会对他刮目相看，没想到将军却没有任何反应地问道："你尽力了吗？为什么不是第一名？"这句话让吉米·卡特不知道如何回答。

吉米·卡特与将军的对话验证了错误现象带来的负面影响。心理学研究发现，在日常生活中，人们总是不自觉地把自己的心理特征强加在对方的身上，认为自己是这样想的，对方也应该有同样的想法，并试图通过这样的想法去影响他人，最终却适得其反。

1964年4月，作为中国外交部长的陈毅在印尼首都雅加达参加了第二次亚非会议的筹备会。他在雅加达会见了印尼总统苏加诺，见面后发现彼此的意见不一致。苏加诺主张第二次亚非会议在万隆召开，而陈毅觉得应该选在非洲国家召开。由于双方的观点不一致，这为筹备会增加了难度。陈毅知道苏加诺非常好面子，所以他从照顾东道主、尊重苏加诺的角度考虑，对他说："非洲有40几个独立国家，总统阁下如果主张此次会议在非洲召开，等于支持了非洲的独立，你的做法可谓是高瞻远瞩，还能够充分展现你政治家的风度，当你去那里发言时，你会得到更多的支持。"苏加诺听了点头称是，却不愿放弃自己的观点，陈毅从言语中挖掘出对方碍于情面的心理特性，说道："你是总统，我是元帅，我给你当个参谋长，你要不要呢？"苏加诺无法拒绝，只好称是。

陈毅挖掘了对方的欲望点，不伤和气地说服了苏加诺。心理专家认为，每个人都有自己的欲望点，人与人内心深处所想的事情，是彼此完全不同的两个状态。这就需要我们在日常交际中，善于用语言挖掘出对方的欲望点，懂得他人的心理，再以自己的语言来影响其心理。

1.以自己的喜好无法正确衡量别人

俗话说："物以类聚，人以群分。"这就是人们心理活动的一种折射，在投射效应的驱使下，人们的行为常常有失偏颇，继而不能更好地影响他人心理。比如，你自己很喜欢吃西餐，并不代表对方就会喜欢吃西餐。因此，我们在交际中不要以自己的喜好来衡量别人，这样造成的结果只会适得其反。

2.通过言语比较洞悉其心理

如果自己喜欢吃火锅，你可以试着询问："你觉得火锅怎么样？"假如对方回答："火锅还行吧，我倒觉得牛排挺不错的。"通过言语比较，对方所中意的应该是牛排而不是火锅；假如对方回答："我最喜欢火锅了。"那么，他的喜好应该和你差不多。

3.利用惯性思维

税务员假装不相信地问道："唉，据我所知你没有这个肚量。"店主有点生气："什么！我没有那个肚量，这算什么呀！自从今年来，我哪个月不卖个两万多呀。""那好，你先把这几个月所漏的税额补交了吧！"税务员说道。这里，税务员所使用的就是惯性思维，利用其欲望点洞悉其心理。

智慧启示

每个人的心理都是不同的，我们不要以己心度人，而要在言谈比较中挖掘出对方的欲望点，准确投射，这样才能有效地影响对方心理。在这里，心理专家的言外之意就是指要想对他人心理施加影响，只有挖掘出对方的欲望点，懂得他人心思之后，才更容易施加影响。

保持微笑，调动客户的情绪

良好的情绪管理，是促使销售成功的关键，因为谁也不愿意和一个情绪低落的人沟通。积极的情绪是一种良好的状态、是一种职业修养、是见到客户时马上形成的条件反射。

——李嘉诚

李嘉诚说："营销人员用低沉的情绪去见客户，那是浪费时间，甚至是失败的开始。不论你遇到什么挫折，只要见到客户就应该立即调整过来，否则宁可在家休息，也不要去见你的客户。"所以，他建议销售人员：在我们准备拜访客户时，一定要将情绪调整到巅峰状态。

一个售货员的心情很好，她给了顾客一个亲切的微笑，顾客的心情也变好了。回到家，给儿子一个微笑，儿子的心情也变好了。回到学校给所有的同学一个微笑，微笑就这样一直传下去了。这就是心理学中著名的微笑效应，心理学家通过研究得出了这样一个结论：如果你决定提高自己的社交技巧，决定结婚或者至少跟一个人住在一起，决定追求有意义的目标并且在过程中、在小事上享受快乐，那么你的幸福感就能提升10%~15%；如果你能不吝惜自己的微笑，亲和地对待他人，那么你的幸福感就能提升20%~25%。微笑，能够撩动人心，让人亲近。哈佛告诉我们：一个微笑，就是一个和善的信号，可以缩短心灵之间的距离，消除误解、疑虑和不安，使他人有一种被尊重的感觉，满足他人最大的心理需求。

曾听教授讲述了这样一个故事：

有一天，忧虑者向智者请教："尊敬的人间智慧者，告诉我吧，如何才能让我跳出忧郁的深渊，享受欢乐呢？"智者微笑着说："那你就学会微笑吧，向你每天所见的一切。"忧虑者感到很奇怪："可是，我为什么要微笑呢？我没有任何微笑的理由呀。"智者回答道："当你第一次向人微笑时，不需要任何理由。"忧虑者问道："那么，第二次微笑呢？以后我都不需要任何理由就微笑吗？"智者笑着说："以后，微笑的理由会按它自己的理由来找你。"于是，忧虑者走了，他按照智者的指引，去寻找微笑。

半年过后，一个满脸微笑的人来到智者面前，他告诉智者："我就是半年前那个忧虑者。"这个过去的忧虑者满脸阳光，嘴角总是挂着真诚的微笑。智者问道："现在，你有了微笑的理由了吗？"曾经的忧虑者说道："太多了，当我第一次试着把微笑送给那位我曾见过无数次面的送报者，他居然还我同样真诚的微笑，我发现天是那么蓝，树那么绿。"说完，他又接着讲述自己的经历："当我第二次把微笑送给那位不小心把菜汤洒在我身上的侍者的时候，我感觉到了他发自内心的感激，感受到了那份温情，而这份

温情驱散了积聚在我内心的阴云。后来，我不再吝惜我的微笑，把微笑送给了那些孤行的老人，送给天真的孩子，甚至把这份美好送给那些曾经辱骂过我的人。我发现，我收获了那些多于我所付出几倍多的东西，这里面有赞美、感激、信任、尊重，还包含着一些人的自责和歉意，而这都是人间最美好的感情。这让我变得更加自信，更加愉快，我更愿意付出微笑。”智者微笑着说：“你终于找到了微笑的理由，假如你是一粒微笑的种子，那么他人就是土地。”

美国总统华盛顿曾说：“一切的和谐与平衡，健康与健美，成功与幸福，都是由乐观与希望的向上心理产生与造成的。”原一平是日本的一位保险推销员，虽然他只有1.53米的个头，刚开始从事保险员这项工作的时候，原一平几乎连一分钱的保险都没有拿到。然而，每天他仍然精神抖擞，一路上不断地用微笑和那些擦肩而过的行人打招呼。由于原一平的微笑总能感染到别人，后来他成为日本历史上最出色的保险推销员，而他的微笑被评为“价值百万美元的微笑”。

威尔科克斯说：“当生活像一首歌那样轻快流畅时，笑颜常开乃易事，而在一切事都不妙时仍能微笑的人，才活得有价值。”微笑是种子，谁播种微笑，谁就能收获美丽。

智慧启示

原一平的微笑如此神奇，不仅能给顾客带来欢乐与温暖，同时也给自己带来了巨额财富和一世英明。其实，对于我们来说，在这个世界上每一个发自内心的微笑，往往都具有神奇的力量。

寻找双方之间的共鸣点

你们的共鸣点越多，你跟对方的信赖感就越容易达成。

——李嘉诚

李嘉诚说：“设想一下如果赶巧你和客户穿的是一样的衣服，那么信赖感一眼就达成了，因为你的品位和他的品味是一样的。”在人际交往中，要有能够体会对方的情绪和想法，理解对方的立场和感受，并站在对方的角度思考和处理问题的能力。换句话说，同理心就是站在对方立场思考的一种方式。

在整个心理过程中，由于自己先接纳了这种心理，所以也就接纳了对方的这种心理，最后谅解了这种行为和事情的发生，这与古人所说的“己所不欲，勿施于人”如出一辙。在人与人之间的沟通过程中，“共鸣点”始终扮演着重要的角色。

保险员李小姐一进门便开门见山说明来意：“李先生，我这次是特地来请您和太太及孩子投人寿保险的。”可是，王先生却异常反感地说：“保险是骗人的勾当！”李小姐并没有生气，微笑着问道：“噢，这还是第一次听说，您能给我说说吗？”王先生说：“假如我和太太投保三千元，这三千元现在可买一部兼容电脑，二十年后再领回的三千元，恐怕连电视机都买不到了。”小姐又好奇地问：“这是为什么呢？”王先生很快地回答：“一旦通货膨胀，物价上涨，就会造成货币贬值，钱就不经花了。”通过这样的问话，小姐对王先生内心的忧虑已基本了解。

李小姐首先维护李先生的立场：“您的见解有一定的道理。假如物价急剧上涨二十年，三千元不要说黑白电视机都买不了，怕只够买两棵葱了。”李先生听到这里，心里很高兴，但接着精明的李小姐又给他解释了这几年物价改革的必要性及影响当前物价的各种因素，进一步分析我国政府绝对不会允许旧社会那样的通货膨胀发生的道理，并指出以王先生的才能和实力，收入可望大幅度增加。说也奇怪，经李小姐这么一说，王先生开始面带笑容，相谈甚欢，当然李小姐最终获得了成功。

李小姐成功的秘诀就在于利用共鸣点说话，站在对方的立场来思考，洞悉对方的心理需求，影响对方心理，最终说服了王先生。由此可见，灵活地运用同理心说话能够有效地影响对方心理，站在对方的角度思考问题，与对方实现内心的对话，最终达到操纵其心理的目的。

卡耐基租用了某旅馆大礼堂讲课。一天，他突然接到通知，租金要提高3倍。卡耐基前去与经理交涉。他说：“我接到通知，有点震惊，不过这不怪你。如果我是你，我也会这么做。因为你是旅馆的经理，你的职责是使旅馆尽可能赢利。”紧接着，卡耐基为他算了一笔账，将礼堂用于办舞会、晚会，当然会获大利。“但你撵走了我，也等于撵走了成千上万有文化的中层管理人员，而他们光顾贵旅社，是你花再多的钱也买不到的活广告。那么，哪样更有利呢？”经理被他说服了。

卡耐基所使用的心理策略“如果我是你，我也会这么做”，其实就是“共鸣点”。当他站在经理的角度时，经理心中已经降低了防备心理，然后卡耐基抓住了经理的兴奋点，使他心甘情愿地把情感的天平倾向了卡耐基这边。

那么，如何寻找共鸣呢？

1.“你的话有一定的道理……”

当对方表露出与自己全然不同的想法时，你应该以同理心说话“你的话有一定的道理……”并通过语言分析强化对方想法的正确性，站在对方的角度，再进行积极引导，通过同理心产生的作用影响其心理，达到掌控其心理的目的。

2.“如果我是你，我也会这样做”

汽车大王福特说：“假如有什么成功秘诀的话，那就是设身处地替别人着想，了解别人的态度和观点。”当对方说出了自己的决定时，我们应该强调对方这种做法的合情合理性，了解对方现在的心理矛盾，以感同身受影响其心理，再巧妙地说服对方。

3.“咱们都是一家人……”

当你仔细观察对方身上所具备的特征之后，你会发现在你们之间其实有许多相同点，而我们需要的就是传递出“咱们都是一家人……”这样的信息，通过同理心来影响对方。比如“张先生，我也姓张，咱们五百年前可是一家人啊”“王姐，您也是东北人啊，真是太巧了，我也是东北的”。

4.“同是天涯沦落人”

相同的经历会有相同的感受，相同的感受自然会惺惺相惜。我们要巧妙地利用同理心说话，比如“你以前在广东工作过？我早些年也在广州工作过”“李姐，咱们做女人真的是不容易啊，既要照顾家庭，又要照顾孩子，生活压力真大啊”，以此来影响其心理，达到说服对方的目的。

智慧启示

利用共鸣点说话，就是我们站在对方的角度，同情、理解、关怀对方，接受对方的内在需求，并感同身受的予以满足。利用同理心说话，可以从对方言语的细微处体察对方的心理需求，从而通过语言表达出“惺惺相惜”的感觉，最终影响其心理。

解除疑虑，帮助客户下决心

做完竞品分析，客户是下不了决心马上掏钱的，这个时候千万不能去成交，否则消费者买后会反悔的……不愿意下购买决心，他肯定是有抗拒点。

——李嘉诚

李嘉诚举例，比如询问客户：“还有什么需要考虑的吗？”对方回答说：“我回去跟我爱人商量商量。”那作为客户应该继续问：“那您爱人会关心哪些问题。”而客户会回答爱人关心什么问题，那么再追问，一步一步追问下去，抗拒点找到了，那解除疑虑的方法自然就有了。在日常交际中，由于我们的一些话语或者行为，有可能会使对方心中充满疑虑，这时候如果不及时打消对方的疑虑，交流就无法继续进行下去。当然，我们可以通过言语暗示把自己的想法传递给对方，使对方能够打消心中的疑虑。

李大娘去商店买布料，导购员小王迎上去打招呼：“大娘，您买布吗？您看这布多结实，颜色又好。”不料，李大娘听了并不高兴，反而嘀咕起来：“要这么结实的布有啥用，穿不坏就该进火葬场了。”对大娘这番话，小王不能随声附和，但不吭声又等于默认了。她想了想，便笑眯眯地说：“大娘，看您说到哪儿去了。您身子骨这么结实，再穿几百件也没问题。”一句话说得李大娘心头发热，不但高高兴兴买了布，还直夸小王心眼好。

刚开始，小王就一个劲地介绍产品的话，而这些正切中了李大娘的要害

之处——李大娘担心自己的身体状况。当小王说“结实”的时候，李大娘心里肯定不好受。为了打消李大娘心中的疑虑，小王说“身子骨这么结实”，暗示出大娘身体好的事实，消除了李大娘的自卑心理。话说到了点子上，简单的几句话就说得大娘眉开眼笑。在与大娘的整个谈话过程中，小王通过试探、话语暗示掌控了对方的心理，也达到了自己的目的。

李娜小姐因公出差，在火车上与一位男士坐在了一起。火车开了没多久，男士就主动打招呼，李娜觉得自己一个人挺闷，于是就和他攀谈了起来。两人就一些话题聊了起来，可是聊着聊着，那位男士竟然将话题一转，冒然发问：“你结婚了吗？”李娜顿时心生厌恶，迟迟不回答，男士见李娜突然变得不高兴，显得有点不知所措。为了打消男士心中的疑虑，李娜解释说：“先生，我听人说过这样的话‘对男人不能问收入’，所以刚才我并没有问你的收入；‘对女人不能问婚否’，所以你这个问题我不能回答了。请你谅解。”那位男士听李娜这样一说，尴尬地笑了笑，就不再说话了。

面对男士的唐突问题，如果李娜保持沉默，就会显得不太礼貌。为了打消对方心中的疑虑，也为了给对方一个台阶下，李娜巧妙用语言暗示出自己拒绝回答问题的真实原因，同时，这也使男士意识到自己言语的失礼之处。

在日常交际中，我们该如何巧妙运用话语暗示来达到自己的目的呢？

1.巧妙引用第三方的话

销售员在向顾客推销的过程中，当他说自己的产品是如何如何好的时候，对方通常都会怀疑他所说的话以及其产品质量。这时候，销售员不妨换一种方式来说这件事情，就可以大大消除顾客的疑虑。巧妙引用第三方的话，向对方说出产品的评价，这就是打消顾客疑虑的好方法。比如，你可以这样说“我的邻居已经用了三四年了，仍然好好的”。言语中暗示出产品质量绝对能过关，虽然邻居并不在旁边，但这已经有效地打消了对方心中的疑虑。

2.暗示对方的疑虑是没有必要的

针对客户李先生的“保险是骗人的勾当”这样的观点，王小姐解释了物价改革的必要性以及影响当前物价的各种因素，还进一步分析了保险带来的利益："即使物价会有所上涨，有保险总比没有保险好。而且我们公司早已考虑了这些因素，顾客的保险金是有利息的。当然，我这么年轻在您面前讲这些，实在有点班门弄斧，还望您多多指教……"通过语言暗示对方的疑虑是没有必要的，影响他人的心理变化，达到说服他人的目的。

3.通过比较来暗示

销售员在推销产品的过程中，可以把退款保障期定为竞争对手的两倍，立即突显出自己的"竞争力"。比如，"产品在销售之后28天内，若发现质量问题，我们承诺百分之百全额退款，而一般的产品退款保障期只有14天……"通过比较暗示出自己的优势特点，从而来打消对方心中的疑虑。

智慧启示

一般而言，每个人对于自己心中的想法有保密的冲动，他们不希望自己的心思被别人看穿。鉴于对方这样一种心理，即便我们猜中了对方正在焦虑的事情，也不能直接说出来，而是巧用话语暗示，正所谓"曲径能通幽"。

采用限制性提问

很多营销人员，前面都做得很好，就是成交不了，其实这是营销人员的一种心理自我设限。

——李嘉诚

李嘉诚表示，在成交阶段，一定要用催促性、限制性的提问，这是铁定的规律，否则的话，你的流程就要从头来一遍。苏格拉底创立的问答法被世界公认为"最聪明的劝诱法"。具体方法是：最初提出一系列的问题让对方连连说"是"，同时，尽力避免让对方说不。因为一开始让对方作出肯定的回答，会使整个心理趋向于肯定的一面。这时对方的组织都呈放松状态，情绪轻松，可以保持谈话间的和谐气氛，取得彼此的完全一致条件之后，自然地转向自己的主张。

有一天，苏格拉底为了教育一位狂妄自负的青年尤苏戴莫斯，和他进行了一次机智的谈话。当他知道尤苏戴莫斯雄心勃勃，想去竞选城邦的领袖时，苏格拉底就对他说：“虚伪应当归于哪一行？”尤苏戴莫斯回答说：“显然应该放在非正义一行。”苏格拉底继续问：“偷盗、欺骗、奴役等应归于哪一行？”尤苏戴莫斯回答说：“应归于非正义一行。”这时苏格拉底问道：“一个希望当领袖的人必须有治国齐家的本领，但是，一个非正义的人能掌握这种才能吗？”

“当然不能。一个非正义的人甚至连做一个良好的公民都不够格。”尤苏戴莫斯坚定地回答。

“那么，你知道什么叫正义的行为，什么叫非正义的行为吗？”苏格拉底继续问并拿出羊皮纸，把“正义”和“非正义”分开写在羊皮纸的两边，要尤苏戴莫斯一一列举。于是，尤苏戴莫斯把虚伪、欺骗、奴役、偷窃、抢劫都放在“非正义”的一边。对此，苏格拉底运用相反的具体事例，把这些看起来是“非正义”的行为一一予以推倒。

他问道：“作战时，潜入敌方军营，偷窃其作战图是非正义行为吗？为防绝望中的朋友自杀，把他藏在枕头底下的刀偷走，难道不应该吗？生病时儿子不肯吃药，父亲就骗他，把药当饭给他吃，使儿子很快恢复了健康，这种欺骗行为又应该放在哪一边呢？”

这一连串的问题，使尤苏戴莫斯如堕五里雾中。苏格拉底在破除了对方的成见后，就正面进行诱导，并使尤苏戴莫斯接受了自己的观点。

在苏格拉底这个经典的对话中，他开始所问的问题，都是反对者所赞同的。在苏格拉底机智而巧妙的发问中，获得无数“是”的反应，使对方在不知不觉中，被诱导到自己所希望得到的结论中，这就是著名的苏格拉底问答法的妙用。

在日常沟通中，当我们与人就某个问题作讨论的时候，我们需要对于某些选择性的东西摆明，不要给对方太多的选择。你所给出的选择太多，那对方给出的答案就很容易脱离于自己掌控的范围之外，那我们就无从回应了。

当然，这是基于人们的一个微妙心理。

一位客户要求开户，当出纳员让他填写一些家庭信息材料时，他只写出了一部分，而对另一些却讳莫如深。按照银行的规定，信息不全是不能开户的。

我们来看看这位出纳员是如何让客户乖乖就范的呢？

银行出纳员开始这样问："你想一想，你把钱存到银行，在你去世之前，你希望银行把你的存款转移到有权继承你财产的亲属账户里吗？"客户回答说："当然，是的，我会这样做。"

出纳员继续说："然而，如果我们银行没有你亲属的材料信息的话，一旦在你去世之后，那些财产是不是就会无法按照你的意愿转到你的亲属手里呢？"客户点点头："是的，会出现这种结果的。"

出纳员慢慢引导："难道你现在不认为，将你最亲近的亲属材料给我们银行，这样就更能永久地保护你的财产呢？"客户认可了："是的，我也这样认为。"

这时，已经不需要那位出纳员继续问下去了，客户已经主动起来，笑着将自己亲属的信息告诉了出纳员。

所谓的有效问答术，简单地说就是开始就要让对方说"是"，而应尽量避免对方说"不"。这样的交谈不会引起争吵，甚至会让你们成为良好的伙伴。因此，我们在与人谈判的时候，千万不要一开始就说那些意见分歧很大的事情，争得面红耳赤，这样做得不到任何结果。不妨从双方都同意的地方开始提问，这才是最好的办法。

1.摆明道路

在正式沟通中，我们要善于摆明道路，一条或两条，给出明确的指向，不要给对方太多的选择。想必，我们都做过选择题，下面只有几个答案，不是选这个就是选那个，除此之外我们别无选择。在沟通中也是一样，如果我们将选择权交给对方，那其心理的变化也是我们不容易捕捉到的。

2.适时提问

苏格拉底往往可以在合适的时间提出问题，使对方不感到突然，非常自然，且容易接受。或者，在对话过程中，苏格拉底可以根据对话者产生困惑的原因，在合适的时候提出具有针对性的问题，使对方跟着自己的话题走下去。

3.准确设问

苏格拉底对自己沟通的对象，沟通的内容，都没有明确的出发点和目的性，他有自己所需要达到的目标和最后结果。

4.具有层次的提问

当苏格拉底在表明自己的观点和思想，并使对方接受它的时候，他非常注重内容的层层递进，一步一步由表及里、由浅入深，循序渐进地启发对方，逐步接触问题的核心并得到最后答案。

5.向对方提出一些易于掌控的话题

在沟通过程中，当我们需要向对方提出一些问题的时候，我们需要注意应选择一些自身易于掌控的话题，对方的回答也在我们意料之中，这样我们才能根据对方的回答进行下一步的谈判策划。

智慧启示

我们都知道，当我们在问对方“是不是？”这个问题的时候，对方的回答一定只有两个，要么“是”，要么“不是”，除了此外别无其他的选择。但如果我们表示“你觉得怎么样”，那这样的答案就太宽泛了，我们根本无法估计对方想说的答案是什么。

为客户提供好的售后服务

人们往往认为，售后服务就是打打电话，上门维修，其实这些只是售后服务中很小很被动的一部分。真正的售后服务是人们购买了商品或服务之后，我们对他的延续服务。

——李嘉诚

李嘉诚认为，营销人员在客户的使用过程中，为客户提供的咨询服务，成为客户的顾问，解决客户在使用中的问题，这样才能建立一个真正的稳定客户。在日常工作中，我们经常会提到“售后服务”这一词汇，何谓售后服务呢？售后服务，就是在商品出售以后对顾客所提供的各种服务活动。当然，对于我们工作来说，售后服务本身其实就是一种促销手段。现代社会，市场竞争异常激烈，随着消费者维权意识的提高和消费观念的变化，顾客在选购产品的时候，不仅注意到商品本身的价值，而且在同类商品的质量和性能相似的情况下，他们更加注重商品的售后服务。

通常情况下，售后服务主要包括这样一些内容：代为顾客安装、调试产品；根据顾客的要求，进行有关使用等方面的技术指导；保证维修零配件的供应；负责维修服务；对商品实行“三包”，即包修、包换、包退；处理顾客来信来访，解答顾客的咨询。虽然，这些服务内容显得比较零碎、杂乱，但这却是打动顾客的有效途径之一。现在，越来越多的顾客主要看重售后服务这一块，如果你能为顾客提供使之感动的售后服务，那么你就一定能真正地走进顾客的心里。

有一天，一位顾客来到家电商场打听电视挂架装卸需要多少钱。原来，这位顾客在一年前买了一台32寸的TCL电视，现在房子卖了需要把电视挂架卸下来，再安装到新家，而最近就等着挂架卸下来之后，就可以将钥匙交给买主了。为此，这位顾客十分着急。

正在他跟身边的人闲聊的时候，这事被前来办事的售后人员小军听到了，小军主动说：“不用花钱，我去给一位顾客安装电视，回来之后我就去给你卸下来。”于是，小军要了顾客的电话号码，等忙完了工作后，利用自己的休息时间，第一时间上门给顾客卸下了挂架，又帮忙给他安装到新家。如此的贴心服务令顾客十分感动，他对小军说：“小伙子，你说多少钱你说了算，我们一起吃了饭再走吧，你可是帮了我的大忙啊。”小军只是笑着说：“这只是我力所能及的事情，以后电视出了什么问题，尽管打电话给我，我随叫随到。”说着，婉言谢绝了顾客的钱和宴请。

后来，小军经常在商场碰到这位顾客，原来，他是介绍其他亲朋好友来购买电视来了。

优质的售后服务会令顾客感动，同时，他会认可你所销售的产品，认可你这个人。每当我们帮了顾客的忙，顾客就会感觉到自己应该替我们做点什么，这样的一个过程就增进了我们与顾客之间的关系。这样，就有了做下一次生意的可能。而且，由于对我们产品的认可，顾客会介绍一些人来购买产品。事实证明，顾客介绍的潜在顾客比全新的顾客更有利，因为它的成功率是全新顾客的15倍。

那么，我们在进行售后服务的时候，应该注意哪些问题呢?

1.向顾客致谢

我们可以告诉顾客，什么地方旅游不错，可以提供给顾客；什么地方有好电影看，如果自己有票，会在什么时候给他快递过去。通过许多小事让顾客觉得，你时时刻刻在关心着他，他一定会被打动。与此同时，你也会收到许多的回馈。所以，当我们外出旅游的时候，别忘了带一些小礼品给自己的顾客，这样可以增加我们与顾客之间的信赖度。

2.耐心倾听

顾客在购买我们商品的时候，都会有不满意的地方，因此他们常常会打电话给我们抱怨。其实，无论是顾客打电话还是当面跟我们说，我们需要记住，不要争辩，而是耐心地倾听，多听顾客的话，再适时表达自己的观点。

3.适时认错

在与顾客沟通的时候，请记住我们要学会控制情绪，不要和你的顾客发脾气。如果顾客生气了，我们一定要耐心接受，不要做过多的辩解，因为尊重顾客是一个称职的工作人员所必备的素质。哪怕你明知道是顾客误会了你，也要懂得适时认错，等到顾客的怒气消了，那你对顾客的不满也就消失了。

智慧启示

在向顾客销售价廉物美的商品时，我们有必要向顾客提供完善的售后服务，以此打动顾客的心，增加与顾客的亲密度，进而达到提高自己销售业绩的目的。对于一个优秀的销售人员来说，如此，我们不仅能通过最优质的售后服务培养老顾客，还能以此不断地开发新的客户。

第17章

投资策略——首富的奥秘

李嘉诚经常举一个例子：一个人从现在开始，每年存1.4万元，并都能投资到股票或房地产，获得每年平均20%的投资回报率，40年后财富会增长为1亿零281万元。李嘉诚对于投资有极其独到的眼光，投资了多处生意，被誉为投资大师。

华丽蜕变，钱生钱才是经商真谛

赚第二个1000万时要比赚第一个100万简单容易得多。

——李嘉诚

在投资界里，人们最渴望的投资就是“滚雪球”，俗语就是以钱挣钱，结果钱变得越来越多。而对投资大师李嘉诚而言，他才是最善于“滚雪球”的人。在漫天飘雪的季节，当我们用手做成了一个雪球，然后把它放在地上不断向前滚动，小雪球在滚动的过程中就会变得越来越大，到最后就会成为一个巨大的雪球。其实，这就是投资的诀窍。

与李嘉诚一样，另一位投资大师也是擅用“滚雪球”的投资方式：

隔了多少年，巴菲特将“滚雪球”运用到投资方面，很详细地阐述了这个道理。要想把雪球滚大，就需要两个条件：第一是必须有很高的山、很长的坡；第二是要有很湿的雪。

巴菲特是这样理解的，股票就是很高的山，他说：“我非常幸运，我17岁的时候就对股票非常了解，我的山就是非常的高”；而投资的机会就是巴菲特所说的“很湿的雪”，巴菲特是这样诠释的：“以低于实际价值的价格去购买一只股票”。当这样的投资机会出现的时候，那就预示着“湿雪”的出现，对此巴菲特这样说：“我们只是在固定的时间会选择一只特殊的股票，我们只会选择一两种股票，尽管有数千种股票供我们选择”。

巴菲特滚雪球的基本步骤：

第一步：首先寻找高山长坡，也就是弱水三千，我只取一瓢饮；

第二步：然后等待湿雪，在决定性的地点投入决定性的力量；

第三步：此后就是滚雪球：“我每天都希望我的雪球变得越来越大”。

其实，巴菲特所在的证券市场这个金融工具是提供给人类财富的一次机会。索罗斯说：“在金融市场里，选择比勤奋更重要。”这当然是人类历史的第一次，以前人类财富的积累依靠的是勤奋而不是选择。巴菲特之所以说自己选择了一个很高的山，那是因为现代金融领域的财富积累速度比做实体经营要快得多。

最开始，巴菲特只是从小投资入手，渐渐地扩大自己的投资范围，于是小雪球变成了大雪球，而巴菲特所拥有的财富也会越来越多。当然，所谓的“滚雪球”战略也是需要条件的，那并不是随便一个雪球都可以滚大的。就好像巴菲特所说，“滚雪球”战略必须具备两个条件：很高的山，以及湿润的雪地。否则，雪球只会变得越来越小，或者直接滚下了山崖，那对于我们而言，将是一无所获。

在投资界，李嘉诚算是首屈一指的人物。而李嘉诚所倡导的“滚雪球”思想，其实也就是我们称之为“战略增长”的思想。战略增长所指的是可以持续增加收入并有持续盈利的增长，这种增长的核心在于为产品或服务找到一个稳定的、不断扩大的需求。

1.需要一个稳定的需求品

可口可乐这个产品的构想是以地球每个人的“胃纳量”为标准来定义其收入水平的，而不是以企业过去的增长速度来定义未来的增长。其实，可口可乐的营销战略革命，与巴菲特投资可口可乐的时间大致相同。巴菲特所选择的投资大部分都是“必需品”，比如可口可乐、麦当劳、中石油等，这些东西是巴菲特通过自己以及周围人的生活可以观察到的需求。因此，巴菲特差不多是只在战略增长处投资，而不是随意改变。

2.选择合适的投资机会

当选定了一个稳定的投资产品，这时我们就需要选择合适的时机了，那必须是产品正在蓬勃发展的时期。我们不可能去选择一个快要被市场淘汰的产品，也不可能去选择一个正在走下坡路的产品，这样对于我们投资本身是一种冒险。最合适的时机就是当产品正在向前积极发展的时候，这样我们才能捕捉到最佳时机，从而让我们的投资达到理想的效果。

智慧启示

有这样一条财富规律：对于白手起家的人来说，如果你的第一个百万花费了10年的时间，那么，从100万元到1000万元，也许你只需5年，再从1000万元到1亿元，只需要3年就足够了。

确保资本安全

资本是投资的有力基础。

——李嘉诚

在投资界有两条规律：第一条，永远不要亏损；第二条，永远不要忘记第一条。这也是李嘉诚一直倡导的最重要的投资原则之一。其实，这两条定律的真正含义就是，在投资过程中，作为投资者最应该关注的不是赚钱，而是应该确保自己的资本安全，因为资本是投资的有力基础。在投资中，需要确保资本安全的原则，其实体现了一个投资者的投资态度。正应了那句老话："态度决定一切。"确保资本安全就是要我们在投资中随时都要以保证自己不赔钱，保住自己的资本为第一目的。换而言之，那就是在投资时慎重又慎重，正所谓"不赌为赢"，在投资中能够有效地保住资本，其实也是一种赚钱方式。

有一位亿万富翁，他打算高薪聘请一位私人司机。由于待遇非常优厚，招聘的消息一传出，应聘者纷纷从四面八方赶来。通过一轮又一轮的严格筛选，最终只剩下了三位候选人，他们在技术、人品等方面都不分伯仲。富翁决定亲自担任最后一轮测试的主考官。在测试中，富翁给三个候选人提出了一个问题："假如我现在就坐在你开的车里，前面是一座悬崖，你能够开到距离悬崖多近的时候才停下？"

第一个回答说："我能开到距离悬崖边只有10厘米的地方才停下来，并且绝对保证您的安全。"

第二个抢着回答说："我能够开到距离悬崖边只有1厘米的地方才停下来，并且绝对保证您的安全。"

轮到第三个人回答了，看上去他是一个有着多年经验的老司机。他说："我确实不知道我能把车开到距离悬崖多近才能停下来，但是我知道悬崖边很危险，距离那里越远越好。我会在距离悬崖边很远的地方就停下来。"

最后，第三个人被那位亿万富翁选中了做他的司机。

投资和开车，虽然这两者是完全不相干的，但其实也有道理相同之处。所有的投资者都像是司机，而股票就是汽车，在车里还拉着我们的资本。对此，我们一定要确保车里的安全，才有机会去做投资生意。假如仅仅在一次投资中，我们就赔得血本无归，那我们还有什么资本去进行投资呢？

巴先生的大儿子霍华德当初在办农场的时候，为了偿还父亲的债款，他也开始做投资。最初，霍华德投资股票的时候，由于没有经验，像市场上的许多投资者一样，他看到股市形势一片大好就开始盲目地买进股票，而眼见股市开始出现低迷就心慌意乱，忙着把自己手头的股票抛售。结果可想而知，这样的投资方式不仅没赚到钱，而且还失去了资本。

听说儿子投资股票失败，巴先生心想正好可以给孩子上一课，他教导儿子说："投资的目的虽然是想赚更多的钱，不过很少有人会去想怎么样才能保证自己能够赚钱。实际上，你要想保证自己赚钱的第一点就是保证自己投到股市里的资本的安全，投资之前一定要做详细认真的分析，不要去做一些没有把握的投资，当你完全有把握时才采取行动。如此，一次保住资本的安全的投资，相对于多次盲目的投资会好很多。有时候，一次盲目的投资会让我们血本无归。保住你的资本是很重要的，因为市场处处都隐藏着风险。”

李嘉诚的每一次投资总是遵循“永远不要亏损”这样的原则，这句话听起来简单，甚至觉得不可思议，实际上每个投身于股市混迹的人都应该明白这句话的含义。正因为这句话看似很简单，但真正要做起来却很难。不亏损的投资，那定然是安全的投资。对于李嘉诚而言，投资中安全是第一位，也就是说保住自己的资本是首要目的。

1.任何时候都要给自己留一条后路

在投资中，我们需要为自己保留资本，因为资本是投资的有力基础。而在生活中，不管在什么样的情况下，我们都应该为自己留一条后路，不要等到山穷水尽了才想起前面没路了。为自己留一条后路以备万一，这才是最谨慎的做法。

2.在任何时候安全更重要

不管是投资还是生活中，在任何时候安全才是更重要的。换而言之，活着比什么都好，只要我们还活着，我们就有资本去打拼，去奋斗，去重新创造出属于自己的一切。所以，不管遭遇了失败还是挫折，我们都要打起十二万分精神，努力地活着，这样我们才有资本继续走下去。

智慧启示

在形势大好的情况下，有谁能抵得住诱惑呢？又有多少人会经不住诱惑而进行盲目的投资，最终导致惨败呢？李嘉诚就是一个把安全放在第一位的人，他做任何投资生意，所考虑的都是如何保住资本，因为有了资本，即便这次投资失败了，那自己还有下一次机会。如果自己进行盲目投资而遭遇失败，那就难以东山再起了。

投资第一课：不轻易借贷

慎重对待借贷问题。

——李嘉诚

不轻易借贷，没有人会因为不借钱而破产。从小李嘉诚就明白一个道理，当自己想要赚更多钱的时候，积累财富是第一步，而不是寻求别人的帮助。小李嘉诚通过成为茶楼的小堂倌、销售员来积累自己的财富，然后再把这些钱用来投资。李嘉诚当然知道可以通过另外的方式来获取资本，那就是借贷，但他觉得这样的方法并不妥当。投资本来就是一件有风险的事情，假如拿着借贷来的钱去投资，那就是更冒险的行为了。因为你一方面需要偿还借贷，另外一方面还需要担心自己是否投资失败，这双重的心理压力会给你的投资带来一定的影响。就好像李嘉诚所说，没有谁会因为不借钱而破产。即便是在美国风靡一时的超前消费，李嘉诚本人也是不赞同的。

阿美，公务员，月收入三千元。去年11月，阿美如愿按揭了一套房子，拿到房产证的当天，阿美如释重负：我终于不需要再租房了，我终于迈进有房一族了，我终于是房子的主人了。

然而，月供1715元的房贷让阿美气喘吁吁，承受着“一天不工作，就会被世界抛弃”的精神重压，不敢娱乐不敢生病，除了买书以外不敢高消费。至此阿美终于发现，自己其实并不是风光八面的房主，而是货真价实的“房奴”。

阿美常常想，要是不买房，节省下来的钱足以使我的生活质量提升一个档次；要是不买房，节省下来的钱也足以让远游的自己多一份孝敬父母的心意；要是不买房，自己也势必活得更有尊严，不必承受许多原本不该有的精神重压。自己拥有了房子，却失去了幸福；自己得到了房子同时也得到了压力，这真是一种悖论。有时，阿美不免这样问自己：买房难道是一种美丽的错误吗？特别是对于像我这种收入水平的人而言。但转念一想，要是不买房会怎么样呢？那就要持续租房。买了房子是“房奴”，不买房子是流浪一族。平衡两者之间的鸿沟，也许只能企盼房价下跌。

现在的房价一天比一天疯涨，大多数居无定所的年轻人决定了当房奴，过着比较拮据的生活。但是，另一方面，房地产行业的利润高得让许多当事人不好意思说出口，尽管阿美已经买了房子，但看到这样的情形，想必有一种复杂的情感。阿美的超前消费还算在自己的能力范围之内，即便是过得辛苦点，但自己已经不再流浪了，也就心安理得了。

近几年，“房奴”“车奴”和“卡奴”等一些新词汇开始悄然流行起来，广大的消费者已经成为了房子、汽车、信用卡的“奴隶”。当然，他们也拥有自己的办公桌、电脑，靠着赚取报酬，同时向某个或几个“债主”支付利息或无报酬的服务，那几个债主就是现实存在的房子、汽车、奢侈品，他们只能默默地承受着支付的压力。知名的经济学家说：“适当的超前消费是可以的，但必须是自己迫切需要的，而能通过合适的途径来还清这部分钱才行。”

李嘉诚也不赞成孩子去借贷，当孩子们喜欢上了某种高科技产品，必须是自己存钱购买，而不是借钱购买。对于美国人崇尚的超前消费，李嘉诚却并不推崇。相比较，他更看重年轻人凭借自己的能力赚钱，积累财富，然后凭借这些资产去做投资，或者做自己喜欢的事情。

1.学会积累财富

理财是一门学问，更是一条通往财富的必须之路。当财富积聚起来的时候，还需要你细心地打理，它才会萌发出更大的利益。财富，从大部分来说，并不只是靠一点点积累的，必须在储蓄的基础之上进行正确地理财，方能带来源源不断的财富。

2.借贷需要控制在自己的能力范围之内

假如自己根本没有偿还借贷的能力，那最好还是不要借贷。即便自己有一定的能力，也需要将借贷的数目控制在自己的能力范围之内。比如，工资只有一两千，还打算借贷买车，这不用说你没有能力偿还借贷，关键是在银行审核的时候，就会把你列为不符合条件的对象，因为以你的收入根本没能力偿还借贷。

智慧启示

如果面对所购买的消费品在自己能力之外，即便是选择超前消费也填补不了那个无底洞，那么这时候你就应该质疑自己的消费方式了。舍弃那种消费的欲望，选择适当的超前消费，这样才会打理好自己的财富人生。

投资需要良好的心态

做生意要记住手头上永远要有一样产品是天塌下来你也能赚钱的。

——李嘉诚

在实际投资中，许多投资者的心态很容易受市场变化的影响，即便是市场的一个小小变动就引得心里一阵慌乱，不仅如此，他们的行为也变得毫无章法，不是急于买进，就是着急卖出。实际上，这样的一种条件反射的行为就是因为投资者对自己资金的过分关注，不具备良好的心态。李嘉诚认为，假如市场稍有风吹草动就马上采取相应的行动，这是赚不到什么钱的。对此，一个成功的投资者必备的一种素质就是从资金到心理上，都可以为市场不可避免的波动做好准备。面对市场的千变万化，需要有一个良好的心态，随时都保持镇定，时刻保持清晰的思维。这样即便市场出现对自己不利的情况，也能应对自如，从容面对。

格雷厄姆曾对巴菲特说："一个真正的投资家极少被迫出售其股票，而且他们拥有在任何时候都能对当时的市场情况置之不理的心态。"

在巴菲特12岁那年，他以自己敏锐的眼光以每股38.5美元的价格买下了3只"城市服务"的优先股。同时，他还劝说姐姐以同样的价格买了那三只股。没过多久，那3只股票的价格却一下子跌到了27美元，按捺不住的姐姐每天都在提醒巴菲特"股票被套牢了"，对此小小的巴菲特感觉压力很大。

后来，那三只股票回升到了40美元后，着急的巴菲特便将手中持有的股票全部卖掉了。不过，在扣除佣金之后，巴菲特只从中获得了五美元的盈利。令巴菲特痛心的是，当他将手中的那3只股票抛售之后，戏剧性的一幕出现了，那3只优先股很快从每股40美元涨到了202美元，这让他懊悔自己失去了一个获得更多利润的机会，而姐姐因为当初没有和他同时抛出股票而大赚了一笔。

经过这样的经历，巴菲特明白了，不要过分重视卖价，更不要只顾眼前的小利，面对投资一定要保持良好的心态，深思熟虑之后再做决定。儿子彼得可以说出父亲巴菲特成功的秘诀："他从来没有受过外界的影响和诱惑，只是在不断地阅读和思考。"

北欧有一句话："冰冷的北极风造就了强盛的维京人。"上天把冰冷的北极风给了维京人，但是聪明的维京人没有因为北极风就丧失了生活的方向，而是更好地把北极风利用起来，所以使他们变得十分的强大。当面对一些生活中的困难的时候，悲观的人只会怨天尤人、自暴自弃，甚至一蹶不振，所以失败总是紧紧地跟着他们；而乐观的人就会思考，怎么把一些不利的条件转化为自己所利用，所以他们往往能够登上成功的宝座。

智慧启示

你不可能靠着市场的风向标致富。你要记住，不要试图弄清市场在做什么，只需弄清你要理解的行业，并全神贯注就够了。不管在任何时候都不要让自己丧失准确的判断能力，不要受别人或市场的影响。即便市场千变万化，作为投资者只需要抓住最基本的东西，那就是对企业的清醒客观的认识就足够了。

投资需要化解风险

把鸡蛋放在一个篮子里。

——李嘉诚

在投资界有一句至理名言，那就是——不要把鸡蛋放在一个篮子里。意思是，投资需要化解风险，以免孤注一掷失败之后造成巨大的损失。专业投资人认为，把鸡蛋放在一个篮子里，虽然有机会享受集中投资带来的超值收益，不过更有可能担当集中投资失败带来的巨大风险。不过，成功投资大师李嘉诚却不这样认为，他觉得投资者应该像马克吐温建议的那样，把所有的鸡蛋放在同一个篮子里，然后小心地看好它。在这里，我们不能说哪一种看法是错误的，可以说，这两种理财诀窍都是正确的。李嘉诚主张集中投资，主要基于集中调研、集中决策，在时间和资源有限的情况下，投资决策次数多的成功率自然比投资决策次数少的要低，就好像在两个家庭中，独生子女总要比多子女家庭所受的照顾多一些，长得也壮一些。其实，在生活中，许多事情都有“把鸡蛋放在同一个篮子里”的道理。

莫泊桑，1850年8月出生在法国西北部诺曼底省狄埃小城附近一个没落的贵族家庭。和妈妈一起生活的莫泊桑小时候很聪明，而且爱好广泛。他不但热爱读书、写诗作文，还喜欢踢足球、弹钢琴、修理汽车、去烧烤店学习制作烧鹅，甚至去乡下种菜也很拿手。

有一天，莫泊桑跟舅父去拜访文学大师福楼拜。舅父本来是想请福楼拜收下莫泊桑做学生学习文学，可没想到的是，莫泊桑看到福楼拜却一脸骄傲，他问道：“福楼拜先生，您究竟会些什么？”福楼拜反问莫泊桑：“那么你会些什么呢？”莫泊桑得意地说：“我什么都会，只要你知道的，我就会。”

福楼拜不慌不忙地说：“那好，你就先跟我说说你每天的学习情况吧。”莫泊桑自信地说：“我上午用两个小时来读书写作，用两个小时来弹钢琴；下午则用一个小时向邻居学习修理汽车，用三个小时来练习踢足球；晚上，我会去烧烤店学习怎样制作烧鹅。星期天则去乡下种菜。”

说完后，莫泊桑得意地反问道：“福楼拜先生，您每天的工作情况又是怎样的呢？”福楼拜笑了笑说：“我每天上午用4个小时来读书写作，下午用4个小时来读书写作，晚上，我还会用4个小时来读书写作。”莫泊桑不解地问：“难道您就不会别的了吗？”

福楼拜没有回答，而是接着问：“我还想问问，你做的那么多事中哪样事情做得特别好？”这下，莫泊桑答不上来了。他反问福楼拜：“那么，您的特长又是什么呢？”福楼拜说：“写作。”

后来，莫泊桑也开始写作了，并成为了世界著名的小说家。原来，莫泊桑发现特长就是专心地做好一件事情。于是，他放弃了弹琴、修汽车、烤烧鹅、种菜，真诚地拜福楼拜为师，学习写作。福楼拜对写作的要求，就是“专心地做这件事”。他要求莫泊桑骑马出去跑两个小时，回来后把自己所看到的一切都写下来，“你所写的每一个杂货铺、每一个人，甚至每一匹马，都要直接呈现最吸引人的细节，让人们能一眼把他们都认出来。”这种练习“专注观察”的方法，莫泊桑持续了一年之久，逐渐变得善于发现那些别人不容易发现的细节，开始了写作的新阶段。

虽然，单就投资而言，李嘉诚是国际公认的高手，自然有信心，但对于一些普通的投资，由于自身精力和知识的局限性，不容易对投资对象有深入的研究，这样看来，分散投资也不失为一个好办法。

1.人的时间和精力有限

一个人的精力是有限的，他的才能也往往只在某一个方面。在古代有的才子知晓天文地理，琴棋书画，不过假如绝大多数人什么都会，那必然是件件不精通。做任何事情都一样，假如你既想做这个，又想做那个，还想做另外的，那肯定是不行的。我们必须只选择一样，然后把它做好。

2.收益和风险其实是没什么区别的

有人把鸡蛋分散在几个篮子里或许会减少一些风险，其实这两者是差不多的，把鸡蛋放在一个篮子里与放在几个篮子里是没多少差别的。在一个你所了解的投资对象那里总要比再去了解一个新的投资对象的风险要小很多。因为当我们一直在投资这个公司，就会对其市场状况、技术水平、竞争策略等情况更熟悉，那相应的，我们的收益也自然会好很多。

智慧启示

李嘉诚给我们的忠告远不仅仅限于股市这个范围，在整个人生里，李嘉诚觉得，假如我们想要成功，那就要专注去做好一件事情，只做那一件事情，就好像李嘉诚一生都在做投资一样，而且他成功了。

谨慎对待投资

在投资市场上，最好的投资方法不是大量地买进股票，而是要等待恰当的机会，谨慎投资。在投资之前你会考虑很多的因素，比如说，对不熟悉的领域我从来不投资，投资之前要了解企业的各个方面，投资者应该学会思考，随时都知道自己在做什么，投资切忌盲目。当其他的投资者越是草率的时候，李嘉诚就越是加倍慎重。实际上，这是每一个投资者都应该记住的。当股市处于利好的时候，面对一片大好形势，许多投资者都会失去理智，不会考虑价格，不考虑产品的内在价值，总是不断地涌进。大多数投资者都喜欢在产品狂飙时以很高的价格买入股票，不过，他们所付出的这个价格是根本不符合长期投资的。李嘉诚认为，在实际投资过程中，我们要时刻保持谨慎的态度，以免做出冲动的决定，以至于让自己血本无归。其实，不管是在投资市场，还是在现实生活中，不管是做人做事，我们都需要谨慎小心。

公司准备提拔一名年轻人做办公室主任，小李和小王都是候选人，他们俩实力相当，同时两人关系还非常要好。

有一天，经理把小李喊进了办公室，告诉他公司初步决定由他来接任办公室主任。小李很高兴，心中一块石头总算落了地。顿时，喜悦之情溢于言表，说话也特别放得开，经理随口问道：“你觉得小王这个人怎么样？他做事怎么样呢？”小李满脸不屑之意，说起了小王曾闹过的一些笑话，以及对小王不利的一些事情。

几天以后，正式的任命下来了，让小李感到惊讶的是，主任并不是他，而是小王。经理再次找到了小李，对他说："年轻人，说话做事都要谨慎啊！"原来，经理在和小李谈话后，又找了小王谈话，当时经理透露办公室主任将由小李担任，小王积极地表示支持小李的工作，而且对小李本人的能力更是赞不绝口。就是因为这一点，经理改变了主意，让小王担任了办公室主任。

何止是投资有风险呢？其实，生活处处有风险，我们应该时刻保持谨慎。无论我们的情绪处于一个什么样的状态，说话做事都应该谨慎。谨慎体现着一个人的修养，显示着一个人的度量。小李的多言让经理看到了他内心的浮躁和轻狂，似乎他的稳重还差一点，因此，经理改变了主意，让谨慎的小王担任了办公室主任。

李嘉诚从来不做盲目的投资，假如没有一定的把握，他是一定不会出手的。对此，他总是跟那些浮躁的年轻人说："在投资之前一定要做足功课，不要盲目投资，投资的时候一定要保持理性和谨慎。假如没有好的投资对象，还不如持有现金，这样对于自己的资产更有保障。"

智慧启示

李嘉诚认为，一个成功的投资者应该具备的极为重要的素质就是谨慎，他说："在寻找收购公司时，我们所持的态度就像是在寻找另一半，必须放开心胸、主动积极，但不应仓促莽撞。"其实，不仅仅是投资，在生活中也是一样，当我们在做一个重要的决策时，一定要谨慎，把各种情况都想好。

如何有效降低投资的风险

要降低投资风险就要知道自己的优点和缺点，更要看对手的长处，掌握充足的信息后再做出正确的决定。

——李嘉诚

如何才能降低投资的风险呢？李嘉诚没有具体的回答，他只坚信自己的“不熟不买”，他幽默地说：“就是知己知彼，百战不殆。”在作战中，假如敌我双方的情况都了解清楚了，那作战百次都不会有什么风险。其实，市场如战场，当我们不能清楚地了解投资市场的时候，那就应该谨慎投资，否则我们不能料及的风险就会到来。如果我们翻阅李嘉诚的投资经历，就会发现他选择了一个自己最了解的投资对象，他认为，这样可以最大限度地降低投资的风险。因为投资对象是自己选择的，而所选择的是自己最了解的，假如投资失败，那表示自己所做的努力还不够，或者说自己还不够了解投资产品本身。

李嘉诚的投资理念在很多地方与巴菲特总有不谋而合的地方：

巴菲特曾说：“我们的注意力在公司的赚钱能力上，从现在开始的未来五年、十年的收益，假如我们认为它们的价格跟它们的赚钱能力相比，这是一笔值得投资的买卖，我们就买，能够这样赚钱的公司是我们关注的，假如我们不了解，我们就不投资。我们不是说对每一只股票都持有这样的观点，我们要坚信我们所选择的是对的，但对于我们不了解的，我们就不投资。假如有1000只股票，对999只我都不了解，那我只选择我了解的那只投资。”

巴菲特最重要的投资理念之一是：不熟悉的不买，投资时要考虑自己的能力范围。对于投资大师凯恩斯所说的一句话：“随着时间的流逝，我越来越相信，正确的投资方法是将大笔的资金投入到自己有所了解的企业，以及完全信任的管理人员中。那种认为一个人可以通过将资金分散在他一无所知或毫无信心的企业中就可以限制风险的认识是完全错误的。一个人的知识和经验绝对是有限的，因此在任何特定的时间里，很少有超过2家或3家的企业值得我完全信任。”对于凯恩斯的话，巴菲特完全赞同，而且在实际投资中遵循这样的投资理念。

巴菲特曾说：“市场交易就像上帝一样，帮助那些自助者。但和上帝不同的是，市场交易不会原谅那些不知道自己在做什么的人。”巴菲特坦言，自己最了解的行业包括保险、媒体、消费品、供电、纺织等等。1973年，巴菲特收购了《华盛顿邮报》大约10.6亿美元的股份，成为《华盛顿邮报》股份公司的第二大股东。不过，早在这之前，巴菲特就很了解报纸这个行业了，那是源于他年轻时曾做过报纸投递员的工作，熟悉报业经营各个环节的流程，而且他还十分了解《华盛顿邮报》各个部分的状况，以及它的经营状况。正因为对《华盛顿邮报》的详细了解，巴菲特对于其发展前景十分有把握。

后来，作为《华盛顿邮报》的第二大股东，巴菲特凭借着对报纸这个行业的了解，帮助该公司在员工管理和经营策略方面都做了很大的改进。尽管巴菲特在购买《华盛顿邮报》股份之后的几年中，其股价有所下跌，不过，后来却发现它的股价增长了100倍。

1998年，《华盛顿邮报》的市场总值增加到了27.1亿美元，在这个投资案例中，巴菲特凭着对它的全面了解，投资最终赢得了成功。从这以后，巴菲特一直没有放弃持有《华盛顿邮报》的股票，而且不断适时地购入，到了2003年的时候，巴菲特在报业的投资已经赢利了12亿美元。

1.做事情之前应有充分的了解

投资之前一定要对自己所投资的企业有详细的了解，对它未来的发展有一定的预期，这样才可以保证自己的投资有一个稳定的收益。

2.了解自己的能力

有些东西自己常常以为懂了，但要把它们放在纸上向股东解释的时候，才知道自己并不很了解。所以，这个活动不但使我对各行业想得更深入，而且也使我了解了自己的能力界限。在任何时候，无论做什么事情，我们都需要了解自己的能力，只有更好地了解自己，才能更好地去做事，更好地应对别人。

智慧启示

在李嘉诚看来，投资人生也是一样的道理，一定要对自己所做的事情有全面的了解，才可以进行百分之白的投资。他常常告诫孩子，不管做什么事情都需要对其有详细的认识，这样才能把事情做好。假如对自己所做的事情不懂，那自己就好像一个懵懂的学生一样，这样的自己是永远不会成功的。

参考文献

[1]陈美华.辛磊.李嘉诚全传[M].北京：中国戏剧出版社，2005.
[2]李永宁.李嘉诚：我一生的理念[M].北京：北京联合出版公司，2014.
[3]李永宁.李嘉诚：成功没有偶然[M].北京：中国华侨出版社，2014.
[4]李嘉文.李嘉诚的处世之道[M].北京：中国华侨出版社，2014.